小学4年生

単位と図形に

ぐーーんと強くなる

学習指導要領対応

目次

この本では、きその内容より少しむずかしい問題には、☆マークをつけています。

おぼえよう

・1　　を10等分した1こ分…0.1
・0.1　を10等分した1こ分…0.01
・0.01を10等分した1こ分…0.001
・小数の位は，小数点のすぐ右からじゅんに，

　$\frac{1}{10}$ の位(小数第一位)，$\frac{1}{100}$ の位(小数第二位)，

　$\frac{1}{1000}$ の位(小数第三位)といいます。

4.839

4…一の位
8…$\frac{1}{10}$の位(小数第一位)
3…$\frac{1}{100}$の位(小数第二位)
9…$\frac{1}{1000}$の位(小数第三位)

1　6.152について，□にあてはまる数を書きましょう。　〔1問　8点〕

① 5は，□の位の数字です。

② $\frac{1}{1000}$ の位の数字は，□です。

③ 2は，□が2こあることを表しています。

④ 1を□こと，0.1を□こと，0.01を□こと，0.001を□こあわせた数です。

⑤ 0.001を□こあつめた数です。

2 下の数直線で，↑が表している目もりを読みましょう。　〔1つ　5点〕

①

```
      1.9              2              2.1
  ┠──┼┼┼┼┼┼┼┼┼┼┼┼┼┼┼┼┼┼┼┼┼┼┼┼──
       ↑        ↑        ↑    ↑
       あ       い       う    え
```

あ　(1.91)　　い　(　　　　　)

う　(　　　　　)　　え　(　　　　　)

②

```
   0.8                              0.9
  ┠┼┼┼┼┼┼┼┼┼┼┼┼┼┼┼┼┼┼┼┼┼┼┼┼┼┼┼┼┼
    ↑      ↑              ↑ ↑
    お     か             き く
```

お　(0.805)　　か　(　　　　　)

き　(　　　　　)　　く　(　　　　　)

3 次の数は，0.01を何こあつめた数ですか。　〔1問　5点〕

① 4.13　　　　　　　　　② 5

(　　　　　)　　　　　(　　　　　)

③ 0.78　　　　　　　　　④ 0.9

(　　　　　)　　　　　(　　　　　)

れい

$$0.1m = 10cm \qquad 0.4m = 40cm$$

 □にあてはまる数を書きましょう。 〔1問 5点〕

① 0.5m = ☐ cm

② 0.2m = ☐ cm

③ 0.8m = ☐ cm

④ 0.6m = ☐ cm

⑤ 0.3m = ☐ cm

⑥ 0.9m = ☐ cm

れい

$$0.01m = 1cm \qquad 0.08m = 8cm$$

 □にあてはまる数を書きましょう。 〔1問 5点〕

① 0.02m = ☐ cm

② 0.05m = ☐ cm

③ 0.06m = ☐ cm

④ 0.03m = ☐ cm

⑤ 0.09m = ☐ cm

⑥ 0.07m = ☐ cm

$$0.12m = 12cm \qquad 0.63m = 63cm$$

3 □にあてはまる数を書きましょう。　　　　〔1問　2点〕

① 0.15m = ☐ cm

② 0.29m = ☐ cm

③ 0.31m = ☐ cm

④ 0.58m = ☐ cm

⑤ 0.46m = ☐ cm

⑥ 0.82m = ☐ cm

⑦ 0.77m = ☐ cm

⑧ 0.94m = ☐ cm

⑨ 0.18m = ☐ cm

⑩ 0.39m = ☐ cm

⑪ 0.53m = ☐ cm

⑫ 0.65m = ☐ cm

⑬ 0.21m = ☐ cm

⑭ 0.47m = ☐ cm

⑮ 0.96m = ☐ cm

⑯ 0.62m = ☐ cm

⑰ 0.85m = ☐ cm

⑱ 0.73m = ☐ cm

⑲ 0.91m = ☐ cm

⑳ 0.54m = ☐ cm

3 小数と c（センチ）②

とく点

点

答え➡別冊2ページ

れい

$$10\,cm = 0.1\,m \qquad 50\,cm = 0.5\,m$$

1 □にあてはまる数を書きましょう。　〔1問　5点〕

① 40cm ＝ [　　　] m　　　　② 70cm ＝ [　　　] m

③ 20cm ＝ [　　　] m　　　　④ 60cm ＝ [　　　] m

⑤ 90cm ＝ [　　　] m　　　　⑥ 30cm ＝ [　　　] m

れい

$$1\,cm = 0.01\,m \qquad 3\,cm = 0.03\,m$$

2 □にあてはまる数を書きましょう。　〔1問　5点〕

① 5cm ＝ [　　　] m　　　　② 8cm ＝ [　　　] m

③ 2cm ＝ [　　　] m　　　　④ 9cm ＝ [　　　] m

⑤ 4cm ＝ [　　　] m　　　　⑥ 6cm ＝ [　　　] m

$$14\,cm = 0.14\,m \qquad 31\,cm = 0.31\,m$$

3 □にあてはまる数を書きましょう。 〔1問 2点〕

① 19 cm = [　　　] m　　② 28 cm = [　　　] m

③ 45 cm = [　　　] m　　④ 67 cm = [　　　] m

⑤ 56 cm = [　　　] m　　⑥ 92 cm = [　　　] m

⑦ 11 cm = [　　　] m　　⑧ 38 cm = [　　　] m

⑨ 75 cm = [　　　] m　　⑩ 26 cm = [　　　] m

⑪ 82 cm = [　　　] m　　⑫ 57 cm = [　　　] m

⑬ 34 cm = [　　　] m　　⑭ 93 cm = [　　　] m

⑮ 66 cm = [　　　] m　　⑯ 49 cm = [　　　] m

⑰ 24 cm = [　　　] m　　⑱ 89 cm = [　　　] m

⑲ 48 cm = [　　　] m　　⑳ 73 cm = [　　　] m

れい

$$1.3m = 130cm \qquad 1.03m = 103cm$$

 1 □にあてはまる数を書きましょう。 〔1問 3点〕

① 1.7m = ☐ cm
② 1.07m = ☐ cm

③ 6.4m = ☐ cm
④ 5.9m = ☐ cm

⑤ 4.01m = ☐ cm
⑥ 2.06m = ☐ cm

れい

$$2.35m = 235cm \qquad 4.19m = 419cm$$

 2 □にあてはまる数を書きましょう。 〔1問 3点〕

① 1.65m = ☐ cm
② 3.48m = ☐ cm

③ 5.92m = ☐ cm
④ 4.73m = ☐ cm

⑤ 8.14m = ☐ cm
⑥ 6.86m = ☐ cm

れい

$$160\,cm = 1.6\,m \qquad 106\,cm = 1.06\,m$$

3 □にあてはまる数を書きましょう。 〔1問 4点〕

① 190cm = ☐ m ② 109cm = ☐ m

③ 510cm = ☐ m ④ 501cm = ☐ m

⑤ 280cm = ☐ m ⑥ 430cm = ☐ m

⑦ 701cm = ☐ m ⑧ 308cm = ☐ m

れい

$$374\,cm = 3.74\,m \qquad 519\,cm = 5.19\,m$$

4 □にあてはまる数を書きましょう。 〔1問 4点〕

① 162cm = ☐ m ② 644cm = ☐ m

③ 481cm = ☐ m ④ 718cm = ☐ m

⑤ 827cm = ☐ m ⑥ 993cm = ☐ m

⑦ 239cm = ☐ m ⑧ 576cm = ☐ m

5 小数と c(センチ)④

とく点

点

答え➡別冊3ページ

れい

| 1.3m = 1m30cm | 1.35m = 1m35cm |

□にあてはまる数を書きましょう。

〔1問 5点〕

① 1.6m = ☐ m ☐ cm

② 2.1m = ☐ m ☐ cm

③ 2.15m = ☐ m ☐ cm

④ 3.65m = ☐ m ☐ cm

⑤ 6.2m = ☐ m ☐ cm

⑥ 6.02m = ☐ m ☐ cm

⑦ 9.62m = ☐ m ☐ cm

⑧ 6.96m = ☐ m ☐ cm

れい

$$1\,m\,60\,cm = 1.6\,m \qquad 1\,m\,6\,cm = 1.06\,m$$

2 □にあてはまる数を書きましょう。 〔1問 5点〕

① 1m90cm = ☐ m ② 1m9cm = ☐ m

③ 5m10cm = ☐ m ④ 4m82cm = ☐ m

⑤ 6m1cm = ☐ m

⑥ 5m7cm = ☐ m

3 □にあてはまる数を書きましょう。 〔1問 5点〕

① 1m62cm = ☐ m ② 6m44cm = ☐ m

③ 1m40cm = ☐ m ④ 1m43cm = ☐ m

⑤ 5.1m = ☐ m ☐ cm

⑥ 8m15cm = ☐ m

6 小数と m（ミリ）①

れい

$$0.1m = 100mm \qquad 0.01m = 10mm$$

1 □にあてはまる数を書きましょう。 〔1問 3点〕

① 0.3m = ☐ mm ② 0.03m = ☐ mm

③ 0.6m = ☐ mm ④ 0.5m = ☐ mm

⑤ 0.09m = ☐ mm ⑥ 0.02m = ☐ mm

れい

$$0.001m = 1mm \qquad 0.004m = 4mm$$

2 □にあてはまる数を書きましょう。 〔1問 3点〕

① 0.002m = ☐ mm ② 0.005m = ☐ mm

③ 0.008m = ☐ mm ④ 0.006m = ☐ mm

⑤ 0.003m = ☐ mm ⑥ 0.009m = ☐ mm

$$0.1L = 100mL \qquad 0.01L = 10mL$$

3 □にあてはまる数を書きましょう。　　　　　〔1問　4点〕

① 0.2L = ☐ mL　　　　② 0.02L = ☐ mL

③ 0.8L = ☐ mL　　　　④ 0.5L = ☐ mL

⑤ 0.06L = ☐ mL　　　　⑥ 0.09L = ☐ mL

⑦ 0.4L = ☐ mL　　　　⑧ 0.07L = ☐ mL

$$0.001L = 1mL \qquad 0.006L = 6mL$$

4 □にあてはまる数を書きましょう。　　　　　〔1問　4点〕

① 0.005L = ☐ mL　　　　② 0.002L = ☐ mL

③ 0.008L = ☐ mL　　　　④ 0.009L = ☐ mL

⑤ 0.004L = ☐ mL　　　　⑥ 0.007L = ☐ mL

⑦ 0.003L = ☐ mL　　　　⑧ 0.006L = ☐ mL

小数とm（ミリ）②

れい

$$100\,mm = 0.1\,m \qquad 10\,mm = 0.01\,m$$

1 □にあてはまる数を書きましょう。　　　　〔1問　3点〕

① 300mm ＝ 〔　　　〕m

② 30mm ＝ 〔　　　〕m

③ 400mm ＝ 〔　　　〕m

④ 900mm ＝ 〔　　　〕m

⑤ 70mm ＝ 〔　　　〕m

⑥ 20mm ＝ 〔　　　〕m

れい

$$1\,mm = 0.001\,m \qquad 3\,mm = 0.003\,m$$

2 □にあてはまる数を書きましょう。　　　　〔1問　3点〕

① 2mm ＝ 〔　　　〕m

② 8mm ＝ 〔　　　〕m

③ 5mm ＝ 〔　　　〕m

④ 4mm ＝ 〔　　　〕m

⑤ 6mm ＝ 〔　　　〕m

⑥ 9mm ＝ 〔　　　〕m

$$100\,mL = 0.1\,L \qquad 10\,mL = 0.01\,L$$

3 □にあてはまる数を書きましょう。 〔1問 4点〕

① 500mL = [　　　] L　　② 50mL = [　　　] L

③ 300mL = [　　　] L　　④ 700mL = [　　　] L

⑤ 90mL = [　　　] L　　⑥ 60mL = [　　　] L

⑦ 400mL = [　　　] L　　⑧ 80mL = [　　　] L

れい

$$1\,mL = 0.001\,L \qquad 6\,mL = 0.006\,L$$

4 □にあてはまる数を書きましょう。 〔1問 4点〕

① 5mL = [　　　] L　　② 3mL = [　　　] L

③ 2mL = [　　　] L　　④ 7mL = [　　　] L

⑤ 9mL = [　　　] L　　⑥ 6mL = [　　　] L

⑦ 4mL = [　　　] L　　⑧ 8mL = [　　　] L

8 小数と m（ミリ）③

れい

1.4m = 1400mm	1.04m = 1040mm

1 □にあてはまる数を書きましょう。　　〔1問 3点〕

① 1.8m = ☐ mm　　② 1.08m = ☐ mm

③ 2.5m = ☐ mm　　④ 4.1m = ☐ mm

⑤ 3.07m = ☐ mm　　⑥ 6.02m = ☐ mm

れい

2.75m = 2750mm	5.39m = 5390mm

2 □にあてはまる数を書きましょう。　　〔1問 3点〕

① 1.85m = ☐ mm　　② 3.64m = ☐ mm

③ 5.27m = ☐ mm　　④ 2.91m = ☐ mm

⑤ 4.32m = ☐ mm　　⑥ 7.13m = ☐ mm

れい

$$1600\text{mm} = 1.6\text{m} \qquad 1070\text{mm} = 1.07\text{m}$$

3 □にあてはまる数を書きましょう。 〔1問 4点〕

① 1200mm = ☐ m

② 1020mm = ☐ m

③ 2600mm = ☐ m

④ 3100mm = ☐ m

⑤ 5090mm = ☐ m

⑥ 3020mm = ☐ m

⑦ 6800mm = ☐ m

⑧ 4060mm = ☐ m

れい

$$1250\text{mm} = 1.25\text{m} \qquad 3720\text{mm} = 3.72\text{m}$$

4 □にあてはまる数を書きましょう。 〔1問 4点〕

① 1450mm = ☐ m

② 5180mm = ☐ m

③ 4930mm = ☐ m

④ 7360mm = ☐ m

⑤ 9610mm = ☐ m

⑥ 6870mm = ☐ m

☆⑦ 2548mm = ☐ m

⑧ 8730mm = ☐ m

とく点

点

答え➡別冊4ページ

れい

$$1.2L = 1L200mL \qquad 1.28L = 1L280mL$$

□にあてはまる数を書きましょう。

〔1問 5点〕

① 1.3L = ☐ L ☐ mL

② 2.7L = ☐ L ☐ mL

③ 5.6L = ☐ L ☐ mL

④ 5.63L = ☐ L ☐ mL

⑤ 6.93L = ☐ L ☐ mL

⑥ 3.8L = ☐ L ☐ mL

⑦ 9.57L = ☐ L ☐ mL

⑧ 9.578L = ☐ L ☐ mL

1L700mL = 1.7L   3L400mL = 3.4L

 □にあてはまる数を書きましょう。 〔1問 5点〕

① 1L500mL = [　　] L   ② 1L800mL = [　　] L

③ 2L300mL = [　　] L   ④ 4L200mL = [　　] L

⑤ 7L600mL = [　　] L   ⑥ 6L900mL = [　　] L

1L720mL = 1.72L   3L480mL = 3.48L

 □にあてはまる数を書きましょう。 〔1問 5点〕

① 1L980mL = [　　] L   ② 2L850mL = [　　] L

③ 5L730mL = [　　] L   ④ 8L260mL = [　　] L

☆⑤ 5L378mL = [　　] L

⑥ 6L780mL = [　　] L

10 小数と k(キロ)①

とく点

点

答え➡別冊4ページ

れい

$$0.1km = 100m \qquad 0.01km = 10m$$

1 □にあてはまる数を書きましょう。　　　〔1問　3点〕

① 0.2km = ☐ m

② 0.02km = ☐ m

③ 0.6km = ☐ m

④ 0.3km = ☐ m

⑤ 0.08km = ☐ m

⑥ 0.05km = ☐ m

れい

$$0.001km = 1m \qquad 0.125km = 125m$$

2 □にあてはまる数を書きましょう。　　　〔1問　3点〕

① 0.006km = ☐ m

② 0.003km = ☐ m

③ 0.297km = ☐ m

④ 0.514km = ☐ m

⑤ 0.008km = ☐ m

⑥ 0.836km = ☐ m

$$0.1 \text{kg} = 100 \text{g} \qquad 0.01 \text{kg} = 10 \text{g}$$

 □にあてはまる数を書きましょう。　〔1問　4点〕

① 0.5kg = ⬚ g　　② 0.8kg = ⬚ g

③ 0.02kg = ⬚ g　　④ 0.06kg = ⬚ g

⑤ 0.2kg = ⬚ g　　⑥ 0.4kg = ⬚ g

⑦ 0.03kg = ⬚ g　　⑧ 0.09kg = ⬚ g

$$0.001 \text{kg} = 1 \text{g} \qquad 0.234 \text{kg} = 234 \text{g}$$

 □にあてはまる数を書きましょう。　〔1問　4点〕

① 0.005kg = ⬚ g　　② 0.008kg = ⬚ g

③ 0.172kg = ⬚ g　　④ 0.628kg = ⬚ g

⑤ 0.004kg = ⬚ g　　⑥ 0.007kg = ⬚ g

⑦ 0.361kg = ⬚ g　　⑧ 0.493kg = ⬚ g

れい

$$100m = 0.1km \qquad 10m = 0.01km$$

1 □にあてはまる数を書きましょう。　　　〔1問　3点〕

① 600m = ☐ km

② 30m = ☐ km

③ 300m = ☐ km

④ 700m = ☐ km

⑤ 50m = ☐ km

⑥ 80m = ☐ km

れい

$$1m = 0.001km \qquad 162m = 0.162km$$

2 □にあてはまる数を書きましょう。　　　〔1問　3点〕

① 2m = ☐ km

② 9m = ☐ km

③ 238m = ☐ km

④ 413m = ☐ km

⑤ 6m = ☐ km

⑥ 796m = ☐ km

れい

$$100g = 0.1kg \qquad 10g = 0.01kg$$

3 □にあてはまる数を書きましょう。　　　　〔1問 4点〕

① 400g = ☐ kg　　　　② 40g = ☐ kg

③ 500g = ☐ kg　　　　④ 800g = ☐ kg

⑤ 70g = ☐ kg　　　　⑥ 20g = ☐ kg

⑦ 600g = ☐ kg　　　　⑧ 90g = ☐ kg

れい

$$1g = 0.001kg \qquad 173g = 0.173kg$$

4 □にあてはまる数を書きましょう。　　　　〔1問 4点〕

① 7g = ☐ kg　　　　② 3g = ☐ kg

③ 241g = ☐ kg　　　　④ 618g = ☐ kg

⑤ 4g = ☐ kg　　　　⑥ 8g = ☐ kg

⑦ 532g = ☐ kg　　　　⑧ 879g = ☐ kg

12

小数と単位⑫

小数と k（キロ）③

とく点

点

答え➡別冊4ページ

れい

$$1.6km = 1600m \qquad 1.06km = 1060m$$

1 □にあてはまる数を書きましょう。 〔1問　3点〕

① 1.2km = ⬚ m

② 1.02km = ⬚ m

③ 2.5km = ⬚ m

④ 4.8km = ⬚ m

⑤ 2.04km = ⬚ m

⑥ 3.07km = ⬚ m

れい

$$1.48km = 1480m \qquad 2.75km = 2750m$$

2 □にあてはまる数を書きましょう。 〔1問　3点〕

① 1.74km = ⬚ m

② 4.61km = ⬚ m

③ 5.96km = ⬚ m

④ 3.53km = ⬚ m

⑤ 8.32km = ⬚ m

⑥ 2.87km = ⬚ m

$$1100m = 1.1km \qquad 1010m = 1.01km$$

3 □にあてはまる数を書きましょう。 〔1問 4点〕

① 1700m = _____ km

② 1070m = _____ km

③ 2600m = _____ km

④ 3200m = _____ km

⑤ 3050m = _____ km

⑥ 5020m = _____ km

⑦ 4800m = _____ km

⑧ 4070m = _____ km

れい

$$1670m = 1.67km \qquad 3120m = 3.12km$$

4 □にあてはまる数を書きましょう。 〔1問 4点〕

① 1930m = _____ km

② 2410m = _____ km

③ 4250m = _____ km

④ 6780m = _____ km

⑤ 9840m = _____ km

⑥ 7920m = _____ km

⑦ 5360m = _____ km

⑧ 8190m = _____ km

13 小数と k（キロ）④

答え➡別冊5ページ

れい

$$1.5\,km = 1\,km\,500\,m \qquad 1.5\,kg = 1\,kg\,500\,g$$

□にあてはまる数を書きましょう。　　　　〔1問　5点〕

① 1.8km = □ km □ m

② 2.5km = □ km □ m

③ 4.1km = □ km □ m

④ 6.9km = □ km □ m

⑤ 3.2kg = □ kg □ g

⑥ 5.7kg = □ kg □ g

⑦ 7.3kg = □ kg □ g

⑧ 9.4kg = □ kg □ g

$$1km700m = 1.7km \qquad 1kg700g = 1.7kg$$

2 □にあてはまる数を書きましょう。　　　　〔1問　6点〕

① 1km900m = [　　　] km

② 3km100m = [　　　] km

③ 6km800m = [　　　] km

④ 7km200m = [　　　] km

⑤ 5km300m = [　　　] km

⑥ 2kg400g = [　　　] kg

⑦ 4kg700g = [　　　] kg

⑧ 6kg500g = [　　　] kg

⑨ 8kg600g = [　　　] kg

⑩ 9kg900g = [　　　] kg

14 まとめ

1 □にあてはまる数を書きましょう。

〔1問　2点〕

① 0.7m = ☐ cm

② 0.04m = ☐ cm

③ 80cm = ☐ m

④ 7cm = ☐ m

⑤ 3.05m = ☐ cm

⑥ 640cm = ☐ m

⑦ 8.3m = ☐ m ☐ cm

⑧ 0.007m = ☐ mm

⑨ 30mm = ☐ m

⑩ 4.39m = ☐ mm

⑪ 6090mm = ☐ m

⑫ 0.03km = ☐ m

⑬ 0.421km = ☐ m

⑭ 900m = ☐ km

⑮ 4m = ☐ km

⑯ 1.6km = ☐ m

⑰ 5820m = ☐ km

⑱ 8.4km = ☐ km ☐ m

2 □にあてはまる数を書きましょう。 〔1問 3点〕

① 0.6L = ☐ mL

② 0.02L = ☐ mL

③ 0.008L = ☐ mL

④ 900mL = ☐ L

⑤ 40mL = ☐ L

⑥ 1mL = ☐ L

⑦ 1.8L = ☐ L ☐ mL

⑧ 2L500mL = ☐ L

3 □にあてはまる数を書きましょう。 〔1問 4点〕

① 0.3kg = ☐ g

② 0.04kg = ☐ g

③ 0.009kg = ☐ g

④ 0.286kg = ☐ g

⑤ 200g = ☐ kg

⑥ 40g = ☐ kg

⑦ 5g = ☐ kg

⑧ 364g = ☐ kg

⑨ 7.1kg = ☐ kg ☐ g

⑩ 3kg800g = ☐ kg

15 広さ①
広さ調べ

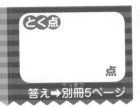

とく点　　点

答え➡別冊5ページ

おぼえよう

広さのことを，**面積**(めんせき)といいます。
広さ(面積)は，同じ正方形が何こ分あるかでくらべることができます。

1 下の図のように，１辺(へん)が１cm の小さな正方形に区切りました。

〔1つ　20点〕

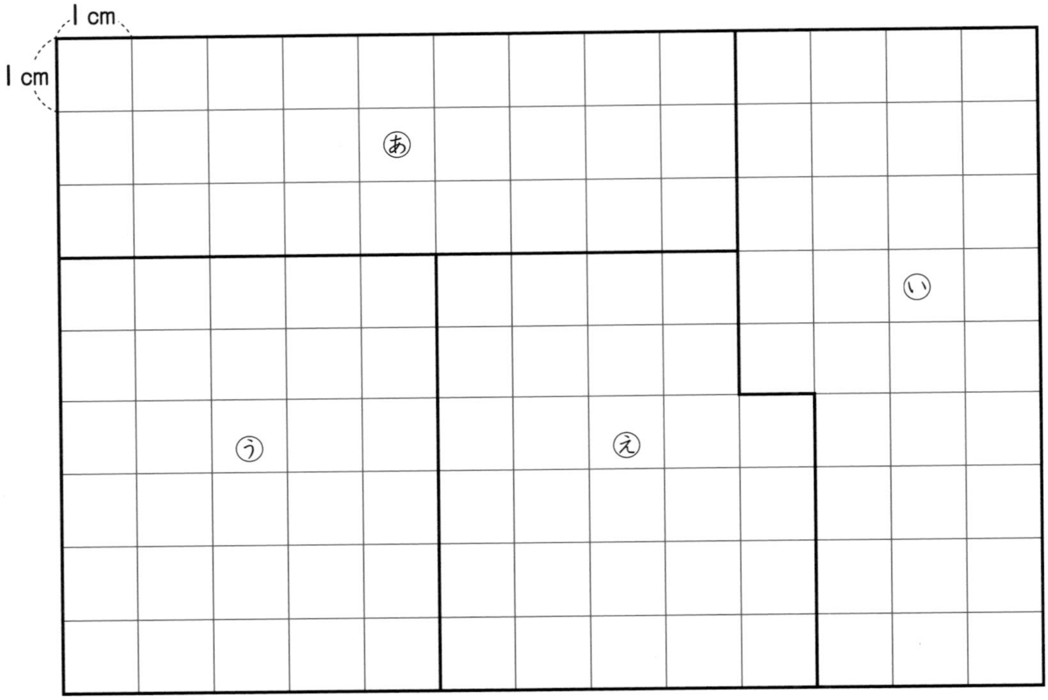

① １辺(へん)が１cm の正方形は，それぞれ何こならんでいますか。

あ（　　　　）　い（　　　　）

う（　　　　）　え（　　　　）

② あ～えのうち，いちばん広いのはどれですか。

（　　　　）

広さ② cm²

とく点

点

答え➡別冊5ページ

⊙**おぼえよう**

1辺が1cmの正方形の面積を**1平方センチメートル**といい，**1cm²**と書きます。

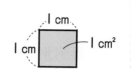

1 次の面積は何cm²ですか。　　　　　　　　　　〔1問　10点〕

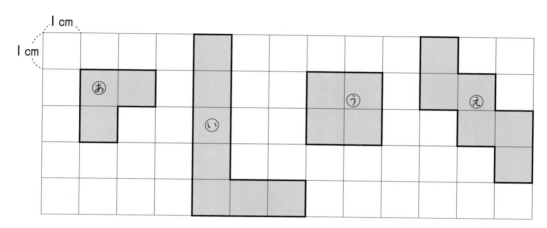

あ （ 3 cm² ）　　い （ 　　　 cm² ）

う （ 　　　 ）　　え （ 　　　 ）

2 次の面積は何cm²ですか。　　　　　　　　　　〔1つ　15点〕

か （ 　　　 ）　　き （ 　　　 ）

く （ 　　　 ）　　け （ 　　　 ）

長方形の面積

おぼえよう

●長方形の面積の公式

長方形の面積 ＝ たて×横
　　　　　　＝ 横×たて

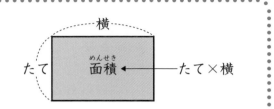

1 長方形の面積をもとめます。□にあてはまる数を書きましょう。

〔1問　25点〕

①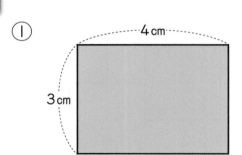

式 （たて）3 × （横）4 ＝ □

答え （□ cm²）

②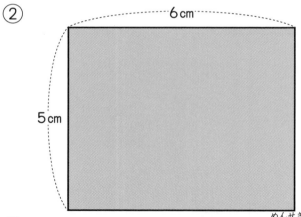

式 （たて）□ × （横）□ ＝ □

答え （□ cm²）

③ たて9cm，横11cmの長方形の面積

式 □ × □ ＝ □

答え （□ cm²）

④ たて15cm，横12cmの長方形の面積

式 □ × □ ＝ □

答え （□ cm²）

● **正方形の面積の公式**

正方形の面積 ＝ 1辺 × 1辺

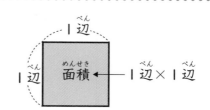

1 正方形の面積をもとめます。□にあてはまる数を書きましょう。

〔1問 25点〕

①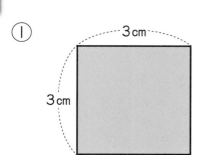

（1辺）（1辺）

式 □ × □ = □

答え（ □ cm² ）

②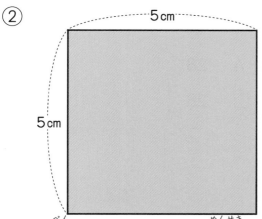

（1辺）（1辺）

式 □ × □ = □

答え（ □ cm² ）

③ 1辺が8cmの正方形の面積

式 □ × □ = □

答え（ □ cm² ）

④ 1辺が20cmの正方形の面積

式 □ × □ = □

答え（ □ cm² ）

📖ポイント

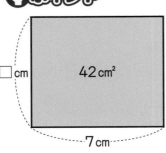

□ cm　42 cm²　7 cm

左の長方形のたての長さは,

式　□×7 = 42

□ = 42÷7

= 6

6 cm

1 次の長方形のたての長さをもとめます。□にあてはまる数を書きましょう。

〔1問　20点〕

① 8 cm　□cm　40 cm²

式　□×8 = 40

□ = 40÷8

= [　　]

答え　([　　] cm)

② 4 cm　□cm　28 cm²

式　□×4 = 28

□ = 28÷ [　　]

= [　　]

答え　([　　] cm)

③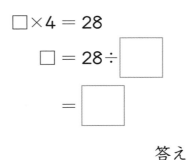
9 cm　□cm　54 cm²

式　□×9 = 54

□ = [　　] ÷ [　　]

= [　　]

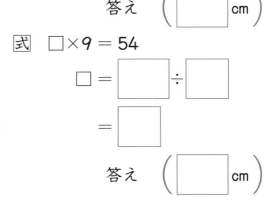

答え　([　　] cm)

2 次の長方形の横の長さをもとめます。□にあてはまる数を書きましょう。

〔1問 10点〕

①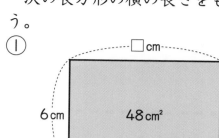

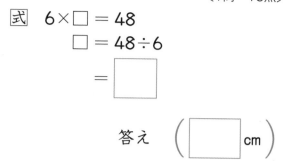

式 $6 × □ = 48$

$□ = 48 ÷ 6$

$= \boxed{}$

答え $\left(\boxed{} \text{cm} \right)$

②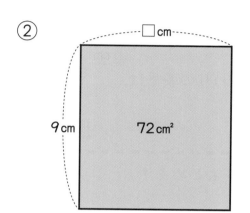

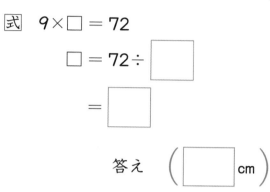

式 $9 × □ = 72$

$□ = 72 ÷ \boxed{}$

$= \boxed{}$

答え $\left(\boxed{} \text{cm} \right)$

③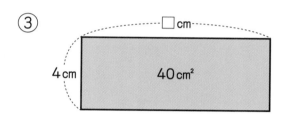

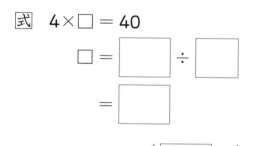

式 $4 × □ = 40$

$□ = \boxed{} ÷ \boxed{}$

$= \boxed{}$

答え $\left(\boxed{} \text{cm} \right)$

④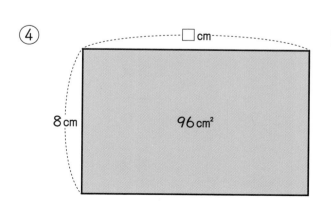

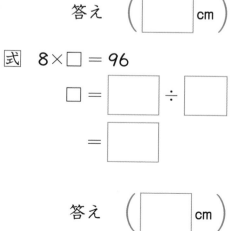

式 $8 × □ = 96$

$□ = \boxed{} ÷ \boxed{}$

$= \boxed{}$

答え $\left(\boxed{} \text{cm} \right)$

まわりの長さをもとめる

答え➡別冊6ページ

●ポイント

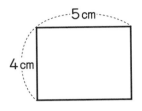

左の長方形のまわりの長さは，
式　4×2＋5×2＝8＋10
　　　　　　　　＝18

<u>18cm</u>

左の正方形のまわりの長さは，
式　3×4＝12

<u>12cm</u>

1 次の長方形や正方形のまわりの長さをもとめます。□にあてはまる数を書きましょう。

〔1問　20点〕

①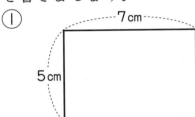

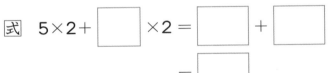

式　5×2＋□×2＝□＋□

　　　　　　　　＝□

答え（□cm）

②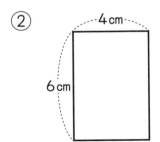

式　6×2＋□×2＝□＋□

　　　　　　　　＝□

答え（□cm）

③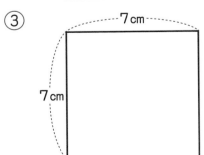

式　7×□＝□

答え（□cm）

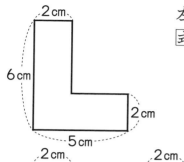

左の形のまわりの長さは,
式　6×2+5×2 = 12+10
　　　　　　　 = 22
　　　　<u>22cm</u>

たてが2つ
横が2つだね。

左の形のまわりの長さは,
式　5×2+8×2+4×2
　　 = 10+16+8
　　 = 34

<u>34cm</u>

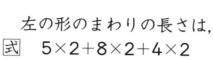

辺を動かして
考えよう。

2 次の形のまわりの長さをもとめます。□にあてはまる数を書きましょう。

〔1問　20点〕

①

6cm

4cm

3cm

6cm

10cm

式　10×2+☐×2

　= ☐ + ☐

　= ☐

答え　（ ☐ cm ）

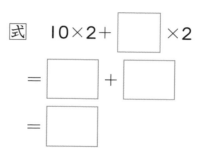

②

8cm

3cm

5cm

4cm

5cm

9cm

2cm

式　☐×2+8×2+☐×2

　= ☐ + ☐ + ☐

　= ☐

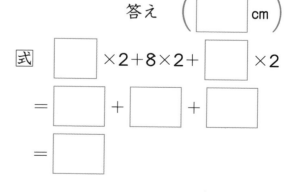

答え　（ ☐ cm ）

◯ポイント

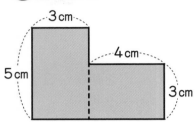

左の形の面積を2つの長方形に分けてもとめると,

式　$5×3+3×4 = 15+12$
　　　　　　　　$= 27$

<u>27 cm²</u>

1 次の形の面積を2つの長方形に分けてもとめます。□にあてはまる数を書きましょう。

〔1問　20点〕

①

式　$6×2+\boxed{}×2$

$=\boxed{}+\boxed{}$

$=\boxed{}$

答え　$\left(\boxed{}\text{ cm}^2\right)$

②

式　$3×8+4×\left(8-\boxed{}\right)$

$=\boxed{}+\boxed{}$

$=\boxed{}$

答え　$\left(\boxed{}\text{ cm}^2\right)$

③

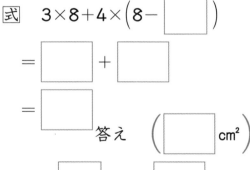

式　$\boxed{}×4+\boxed{}×5$

$=\boxed{}+\boxed{}$

$=\boxed{}$

答え　$\left(\boxed{}\text{ cm}^2\right)$

① 式

3cm
8cm
3cm
2cm

答え（　　　　　　）

② 2cm 式

4cm

4cm
7cm

答え（　　　　　　）

③ 6cm 式

5cm

3cm
5cm

答え（　　　　　　）

④ 10cm 式

5cm

4cm
7cm

答え（　　　　　　）

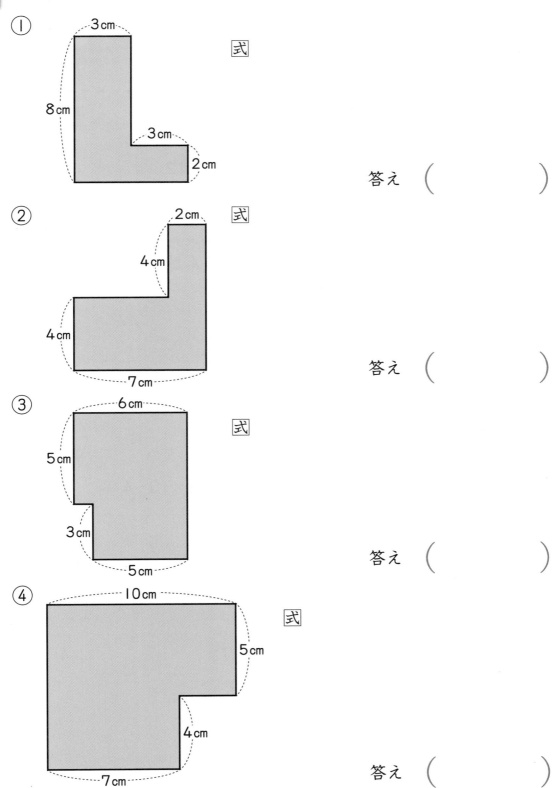

とく点

点

答え➡別冊7ページ

ポイント

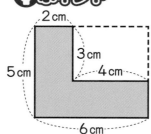

左の形の面積を，大きい長方形からへこんだところをひいてもとめると，

式　$5×6−3×4 = 30−12$

$= 18$

<u>18cm²</u>

1 次の形の面積を，大きい長方形からへこんだところをひいてもとめます。□にあてはまる数を書きましょう。

〔1問　20点〕

①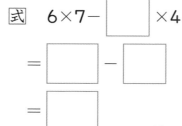

式　$6×7−\boxed{}×4$

$= \boxed{} − \boxed{}$

$= \boxed{}$

答え $\left(\boxed{}\text{ cm}^2\right)$

②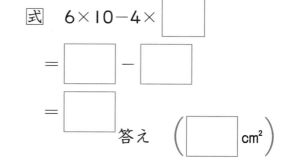

式　$6×10−4×\boxed{}$

$= \boxed{} − \boxed{}$

$= \boxed{}$

答え $\left(\boxed{}\text{ cm}^2\right)$

③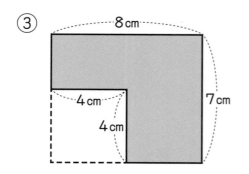

式　$7×\boxed{} − \boxed{}×4$

$= \boxed{} − \boxed{}$

$= \boxed{}$

答え $\left(\boxed{}\text{ cm}^2\right)$

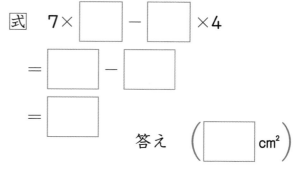

2 次の形の面積^{めんせき}を，大きい長方形や正方形からへこんだところをひいて
もとめましょう。

〔1問　10点〕

① 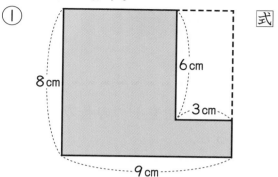　式

答え　（　　　　　　）

② 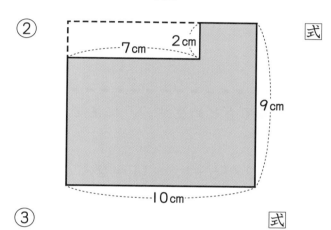　式

答え　（　　　　　　）

③ 式

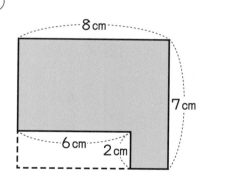

答え　（　　　　　　）

④ 式

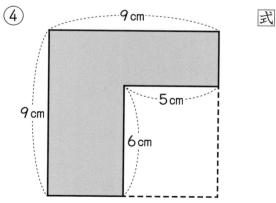

答え　（　　　　　　）

ポイント

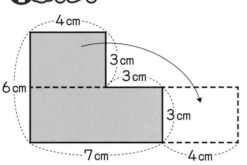

左の形の面積を1つの長方形とみてもとめると,

式　$3 \times (7+4) = 3 \times 11$
$= 33$

$\underline{33\,cm^2}$

1 次の形の面積を1つの長方形とみてもとめます。□にあてはまる数を書きましょう。

〔1問　20点〕

①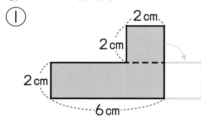

式　$2 \times \left(6 + \boxed{}\right) = 2 \times \boxed{}$

$= \boxed{}$

答え　$\left(\boxed{}\,cm^2\right)$

②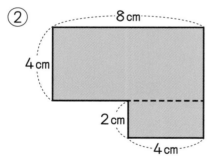

式　$4 \times \left(8 + \boxed{}\right) = 4 \times \boxed{}$

$= \boxed{}$

答え　$\left(\boxed{}\,cm^2\right)$

③

式　$\left(\boxed{} + 7\right) \times 6 = \boxed{} \times 6$

$= \boxed{}$

答え　$\left(\boxed{}\,cm^2\right)$

次の形の面積を１つの長方形とみてもとめましょう。　〔1問　10点〕

①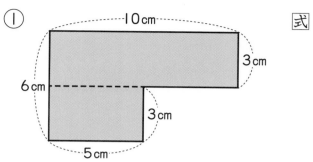

式

答え（　　　　　　）

②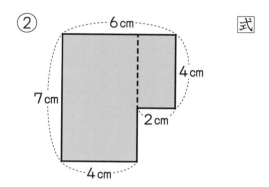

式

答え（　　　　　　）

③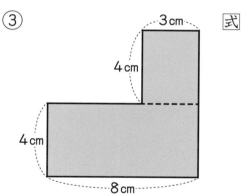

式

答え（　　　　　　）

④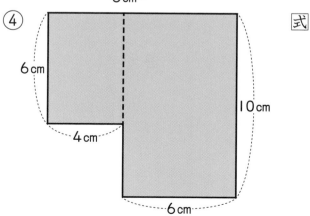

式

答え（　　　　　　）

おぼえよう

1辺が1mの正方形の面積を1平方メートルといい,
1m² と書きます。

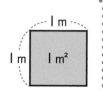

1 次の長方形や正方形の面積をもとめましょう。　〔1問　25点〕

①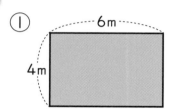

6m
4m

式

答え（　　　　　）

②

5m
5m

式

答え（　　　　　）

③

7m
3m

式

答え（　　　　　）

④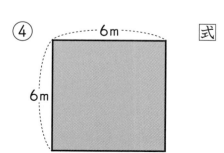

6m
6m

式

答え（　　　　　）

とく点

点

答え➡別冊8ページ

🔧 **おぼえよう**

1辺が1kmの正方形の面積を1平方キロメートルといい, 1km² と書きます。

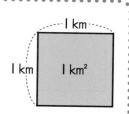

1 次の長方形や正方形の面積をもとめましょう。　〔1問　25点〕

①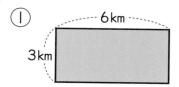

式

答え （　　　　　　）

②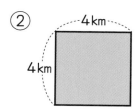

式

答え （　　　　　　）

③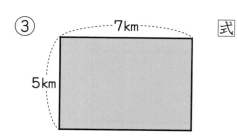

式

答え （　　　　　　）

④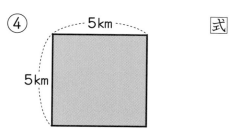

式

答え （　　　　　　）

●ポイント

1m

30cm

（1m＝100cmだから，）

式　30×100＝3000

<u>3000cm²</u>

1 次の長方形の面積を cm² の単位でもとめましょう。　〔1問　50点〕

①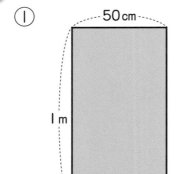

50cm

1m

式

答え（　　　　　　）

②

2m

40cm

式

答え（　　　　　　）

ポイント

700m
1km

（1km ＝ 1000m だから，）

式　1000×700 ＝ 700000

700000㎡

1 次の長方形の面積を ㎡ の単位でもとめましょう。　〔1問　50点〕

①
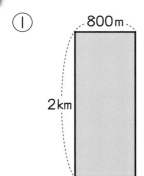
800m
2km

式

答え　（　　　　　）

②
1km
500m

式

答え　（　　　　　）

おぼえよう

$$1\,m^2 = 10000\,cm^2$$

1辺が1mの正方形を，
1辺が100cmの正方形
と考えよう。

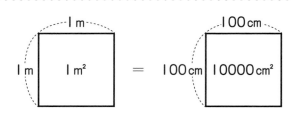

1m = 100cm だから，
$100 \times 100 = 10000\,(cm^2)$

---

1 □にあてはまる数を書きましょう。　〔1問　8点〕

① $2\,m^2 =$ 20000 cm^2　　② $5\,m^2 =$ ☐ cm^2

③ $9\,m^2 =$ ☐ cm^2　　④ $7\,m^2 =$ ☐ cm^2

⑤ $3\,m^2 =$ ☐ cm^2　　⑥ $6\,m^2 =$ ☐ cm^2

⑦ $8\,m^2 =$ ☐ cm^2　　⑧ $4\,m^2 =$ ☐ cm^2

2 □にあてはまる数を書きましょう。　〔1問　9点〕

① $10\,m^2 =$ 100000 cm^2　② $12\,m^2 =$ ☐ cm^2

③ $15\,m^2 =$ ☐ cm^2　④ $20\,m^2 =$ ☐ cm^2

とく点

点

答え➡別冊9ページ

れい

$$10000 \, cm² = 1 \, m² \qquad 40000 \, cm² = 4 \, m²$$

1 □にあてはまる数を書きましょう。　〔1問　8点〕

① 30000 cm² = ☐ m²　　② 70000 cm² = ☐ m²

③ 20000 cm² = ☐ m²　　④ 90000 cm² = ☐ m²

⑤ 60000 cm² = ☐ m²　　⑥ 10000 cm² = ☐ m²

⑦ 50000 cm² = ☐ m²　　⑧ 80000 cm² = ☐ m²

2 □にあてはまる数を書きましょう。　〔1問　9点〕

① 100000 cm² = 10 m²

② 130000 cm² = ☐ m²

③ 160000 cm² = ☐ m²

④ 190000 cm² = ☐ m²

おぼえよう

$$1\,km^2 = 1000000\,m^2$$

1辺が1kmの正方形を,
1辺が1000mの正方形
と考えよう。

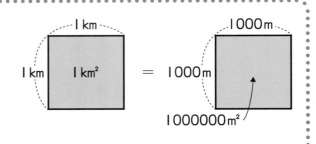

1 □にあてはまる数を書きましょう。　　　　〔1問　10点〕

① $3\,km^2 =$ 〔3000000〕 m²

② $8\,km^2 =$ 〔　　　　　〕 m²

③ $5\,km^2 =$ 〔　　　　　〕 m²

④ $4\,km^2 =$ 〔　　　　　〕 m²

⑤ $2\,km^2 =$ 〔　　　　　〕 m²

⑥ $7\,km^2 =$ 〔　　　　　〕 m²

⑦ $9\,km^2 =$ 〔　　　　　〕 m²

⑧ $6\,km^2 =$ 〔　　　　　〕 m²

⑨ $1\,km^2 =$ 〔　　　　　〕 m²

⑩ $10\,km^2 =$ 〔　　　　　〕 m²

れい

$$1000000\,m^2 = 1\,km^2 \qquad 5000000\,m^2 = 5\,km^2$$

 □にあてはまる数を書きましょう。　　　　〔1問　10点〕

① 2000000 m² = [ ] km²

② 9000000 m² = [ ] km²

③ 4000000 m² = [ ] km²

④ 6000000 m² = [ ] km²

⑤ 3000000 m² = [ ] km²

⑥ 1000000 m² = [ ] km²

⑦ 5000000 m² = [ ] km²

⑧ 7000000 m² = [ ] km²

⑨ 10000000 m² = [ ] km²

⑩ 8000000 m² = [ ] km²

広さ⑱
面積の単位をかえる①

ポイント

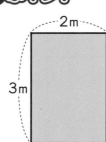

左の長方形の面積は,

式　3×2＝6

$\underline{6\,m^2}$

（1m² ＝ 10000cm² だから,）
6m² ＝ 60000cm²

$\underline{60000\,cm^2}$

1 次の長方形の面積をもとめましょう。　　　〔1問　10点〕

①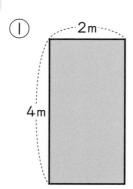

(1)　何m²ですか。
式

答え　（　　　　　）

(2)　また, 何cm²ですか。　　（　　　　　）

②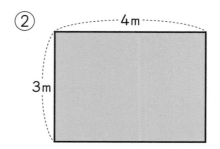

(1)　何m²ですか。
式

答え　（　　　　　）

(2)　また, 何cm²ですか。

（　　　　　）

次の長方形の面積をもとめましょう。　　　〔1問　10点〕

①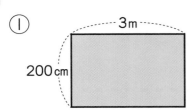

(1)　何 m² ですか。

式

答え　（　　　　　　　）

(2)　また，何 cm² ですか。　　　　（　　　　　　　）

② 150cm / 4m

(1)　何 cm² ですか。

式

答え　（　　　　　　　）

(2)　また，何 m² ですか。　　　　（　　　　　　　）

③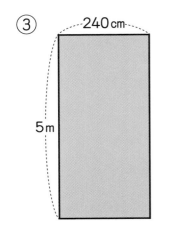

(1)　何 cm² ですか。

式

答え　（　　　　　　　）

(2)　また，何 m² ですか。　（　　　　　　　）

ポイント

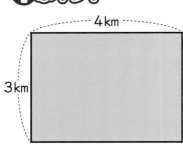

左の長方形の面積は,

式 3×4＝12   12km²

（1km² ＝ 1000000m² だから,）
12km² ＝ 12000000m²

12000000m²

1 次の長方形の面積をもとめましょう。   〔1問　10点〕

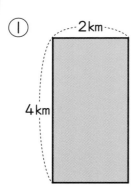

① 2km / 4km

(1)　何km² ですか。
式

答え （   ）

(2)　また, 何m² ですか。

（   ）

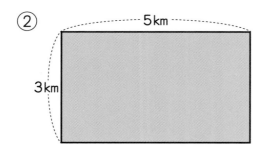

② 5km / 3km

(1)　何km² ですか。
式

答え （   ）

(2)　また, 何m² ですか。   （   ）

2 次の長方形の面積をもとめましょう。 〔1問 10点〕

①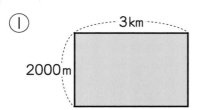

3km
2000m

(1) 何km²ですか。

式

答え （　　　　　）

(2) また，何m²ですか。 　　（　　　　　）

②

3500m
4km

(1) 何m²ですか。

式

答え （　　　　　）

(2) また，何km²ですか。 　　（　　　　　）

③

2500m
6km

(1) 何m²ですか。

式

答え （　　　　　）

(2) また，何km²ですか。 （　　　　　）

おぼえよう

1辺が10mの正方形の面積を1アールといい，1aと書きます。

$$1a = 100m^2$$

10m
10m
1a

1 □にあてはまる数を書きましょう。 〔1問 8点〕

① 4a = 400 m²

② 7a = ☐ m²

③ 2a = ☐ m²

④ 5a = ☐ m²

⑤ 9a = ☐ m²

⑥ 3a = ☐ m²

⑦ 6a = ☐ m²

⑧ 8a = ☐ m²

2 □にあてはまる数を書きましょう。 〔1問 6点〕

① 300m² = 3 a

② 500m² = ☐ a

③ 800m² = ☐ a

④ 600m² = ☐ a

⑤ 400m² = ☐ a

⑥ 700m² = ☐ a

おぼえよう

1辺が100mの正方形の面積を1ヘクタールといい，1haと書きます。

$$1\,ha = 10000\,m^2$$

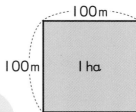
100m
100m
1ha

	10倍 →	10倍 →	10倍 →
正方形の1辺の長さ	1m	10m	100m	1km
正方形の面積	1m²	100m²（1a）	10000m²（1ha）	1km²
	← 100倍	← 100倍	← 100倍

1 □にあてはまる数を書きましょう。　〔1問　8点〕

① 2ha = 20000 m²　　　② 7ha = ☐ m²

③ 6ha = ☐ m²　　　④ 4ha = ☐ m²

⑤ 9ha = ☐ m²　　　⑥ 8ha = ☐ m²

⑦ 3ha = ☐ m²　　　⑧ 5ha = ☐ m²

2 □にあてはまる数を書きましょう。　〔1問　6点〕

① 40000m² = 4 ha　　　② 70000m² = ☐ ha

③ 30000m² = ☐ ha　　　④ 50000m² = ☐ ha

⑤ 90000m² = ☐ ha　　　⑥ 60000m² = ☐ ha

36 広さ㉒ a と ha

点

答え➡別冊10ページ

れい

$$1\,ha = 100\,a \qquad 6\,ha = 600\,a$$

 □にあてはまる数を書きましょう。　　　　〔1問　8点〕

① 5ha = ☐ a　　　　② 3ha = ☐ a

③ 8ha = ☐ a　　　　④ 4ha = ☐ a

⑤ 6ha = ☐ a　　　　⑥ 2ha = ☐ a

⑦ 7ha = ☐ a　　　　⑧ 9ha = ☐ a

れい

$$200\,a = 2\,ha \qquad 400\,a = 4\,ha$$

 □にあてはまる数を書きましょう。　　　　〔1問　6点〕

① 100a = ☐ ha　　　　② 500a = ☐ ha

③ 600a = ☐ ha　　　　④ 300a = ☐ ha

⑤ 900a = ☐ ha　　　　⑥ 700a = ☐ ha

れい

$1\,km^2 = 100\,ha$	$3\,km^2 = 300\,ha$

 □にあてはまる数を書きましょう。　　　　　　〔1問　8点〕

① 4 km² = ＿＿＿ ha　　　　② 6 km² = ＿＿＿ ha

③ 2 km² = ＿＿＿ ha　　　　④ 9 km² = ＿＿＿ ha

⑤ 7 km² = ＿＿＿ ha　　　　⑥ 3 km² = ＿＿＿ ha

⑦ 5 km² = ＿＿＿ ha　　　　⑧ 8 km² = ＿＿＿ ha

れい

$200\,ha = 2\,km^2$	$400\,ha = 4\,km^2$

2 □にあてはまる数を書きましょう。　　　　　　〔1問　6点〕

① 500 ha = ＿＿＿ km²　　　② 300 ha = ＿＿＿ km²

③ 700 ha = ＿＿＿ km²　　　④ 900 ha = ＿＿＿ km²

⑤ 100 ha = ＿＿＿ km²　　　⑥ 600 ha = ＿＿＿ km²

38

広さ㉔
面積の単位をかえる③

●ポイント

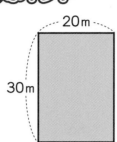

左の長方形の面積は,

式　$30 \times 20 = 600$

$600m^2$

（$100m^2 = 1a$ だから,）

$600m^2 = 6a$

$6a$

1 次の長方形や正方形の面積をもとめましょう。 〔1問 10点〕

①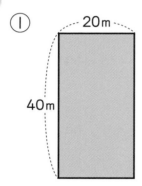

(1) 何 m^2 ですか。

式

答え（　　　　）

(2) また, 何 a ですか。 （　　　　）

②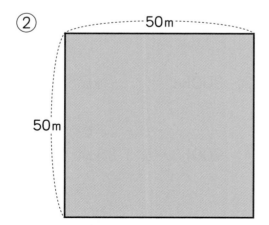

(1) 何 m^2 ですか。

式

答え（　　　　）

(2) また, 何 a ですか。

（　　　　）

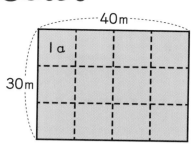

左の長方形の面積は,

式 3×4 = 12   12a

(1a = 100m² だから,)
12a = 1200m²

          1200m²

2 次の長方形や正方形の面積をもとめましょう。   〔1問 10点〕

①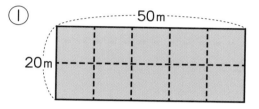

(1) 何aですか。
　　式

　　　　　　　　　　答え （　　　　　　）

(2) また, 何m²ですか。

　　　　　　　　　　（　　　　　　）

②

(1) 何aですか。
　　式

　　　　　　　　　　答え （　　　　　　）

(2) また, 何m²ですか。

　　　　　　　　　　（　　　　　　）

③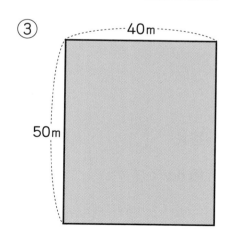

(1) 何aですか。
　　式

　　　　　　　　　　答え （　　　　　　）

(2) また, 何m²ですか。

　　　　　　　　　　（　　　　　　）

面積の単位をかえる④

ポイント

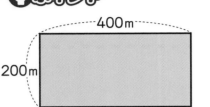

左の長方形の面積は,

式　200×400 ＝ 80000

$$80000 m^2$$

（10000 m² ＝ 1 ha だから,）
80000 m² ＝ 8 ha

$$8 ha$$

長方形や正方形の面積をもとめましょう。　　〔1問　10点〕

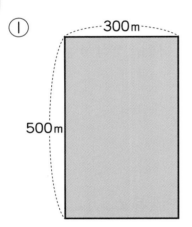

①

(1)　何 m² ですか。
　　式

　　　　　　答え　（　　　　　　）

(2)　また，何 ha ですか。　　（　　　　　　）

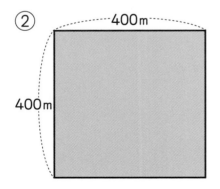

②

(1)　何 m² ですか。
　　式

　　　　　　答え　（　　　　　　）

(2)　また，何 ha ですか。

（　　　　　　）

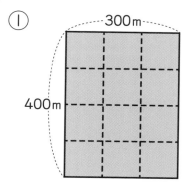

左の長方形の面積は,

式 3×2 = 6

6 ha

(1 ha = 10000 m² だから)
6 ha = 60000 m²

60000 m²

2 次の長方形や正方形の面積をもとめましょう。　　〔1問　10点〕

①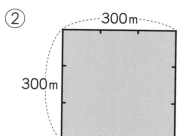

(1) 何 ha ですか。
　式

答え　(　　　　　)

(2) また, 何 m² ですか。

(　　　　　)

②

(1) 何 ha ですか。
　式

答え　(　　　　　)

(2) また, 何 m² ですか。

(　　　　　)

③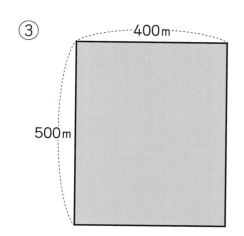

(1) 何 ha ですか。
　式

答え　(　　　　　)

(2) また, 何 m² ですか。

(　　　　　)

40 広さ㉖ まとめ

とく点

点

答え➡別冊11ページ

1 □にあてはまる面積の単位やことばを書きましょう。 〔1問 6点〕

① 1辺が1cmの正方形の面積は，1 □ です。

② 1辺が1mの正方形の面積は，1 □ です。

③ 1辺が10mの正方形の面積は，1 □ です。

④ 1辺が100mの正方形の面積は，1 □ です。

⑤ 1辺が1kmの正方形の面積は，1 □ です。

⑥ 長方形の面積 ＝ □ × □

⑦ 正方形の面積 ＝ □ × □

2 □にあてはまる数を書きましょう。 〔1問 6点〕

① 1m² ＝ □ cm² ② 1km² ＝ □ m²

③ 1a ＝ □ m² ④ 1ha ＝ □ m²

3 次の長方形や正方形の面積を，〔 〕の中の単位でもとめましょう。

〔1問 7点〕

① たて 20cm，横 25cm の長方形 〔cm²〕
　式

答え （　　　　　）

② 1辺が 16m の正方形 〔m²〕
　式

答え （　　　　　）

③ たて 1m，横 40cm の長方形 〔cm²〕
　式

答え （　　　　　）

④ たて 80m，横 70m の長方形 〔a〕
　式

答え （　　　　　）

4 次の形の面積を，大きい長方形からへこんだところをひいてもとめましょう。

〔6点〕

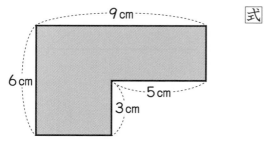

式

答え （　　　　　）

三角形と角①
角度のはかり方①

おぼえよう

角の大きさ（角度ともいう）をは
かるには，**分度器**を使います。

直角を90等分した1こ分の大き
さを1度といい，1°と書きます。

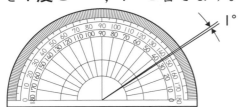

〔角度のはかり方〕

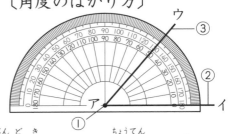

①分度器の中心を頂点アに合わせる。
②0°の線を辺アイに重ねる。
③辺アウと重なっている目もりを読む。

1 次の角度をはかりましょう。　　　　　〔1問　25点〕

①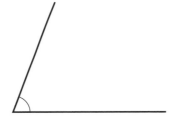

（ 70° ）

②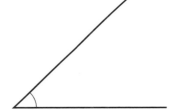

（　　　）

③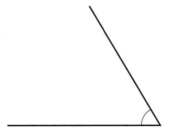

（　　　）

④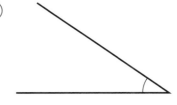

（　　　）

角度のはかり方②

れい

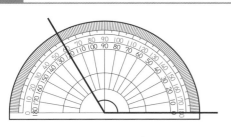

（120°）　　　（145°）

1 次の角度をはかりましょう。　　〔1問　25点〕

①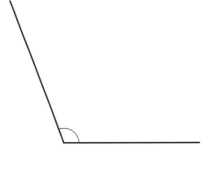

（　　　）

②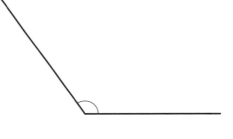

（　　　）

③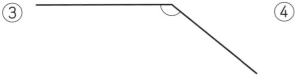

（　　　）

④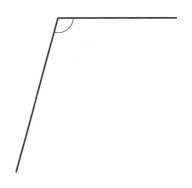

（　　　）

直角と角度①

おぼえよう

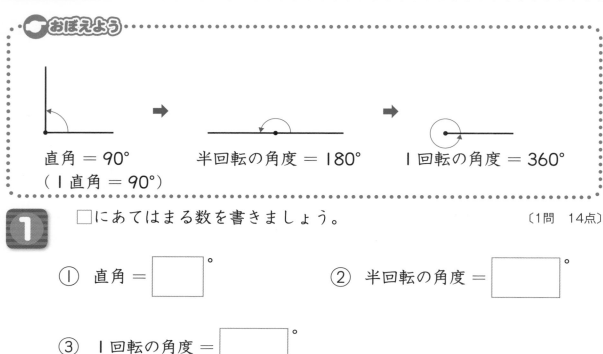

直角 ＝ 90°　　　　　半回転の角度 ＝ 180°　　　　１回転の角度 ＝ 360°
（１直角 ＝ 90°）

1 □にあてはまる数を書きましょう。　　　　　　　　　〔1問　14点〕

① 直角 ＝ [　　　] °　　　　　② 半回転の角度 ＝ [　　　] °

③ １回転の角度 ＝ [　　　] °

④ 半回転の角度は，直角の [　　　] つ分です。

⑤ １回転の角度は，直角の [　　　] つ分です。

2 □にあてはまることばを書きましょう。　　　　　　　〔1問　15点〕

① 直角２つ分の角度を，[　　　　　　　] の角度といいます。

② 直角４つ分の角度を，[　　　　　　　] の角度といいます。

44 直角と角度②

とく点

点

答え➡別冊12ページ

おぼえよう

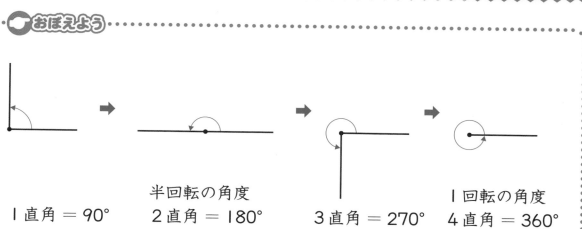

1直角 = 90°　半回転の角度 2直角 = 180°　3直角 = 270°　1回転の角度 4直角 = 360°

---

1 □にあてはまる数を書きましょう。　〔1問　12点〕

① 1直角 = [　　]°

② 2直角 = [　　]°

③ 3直角 = [　　]°

④ 4直角 = [　　]°

⑤ 半回転の角度を [　　] 直角といいます。

⑥ 1回転の角度を [　　] 直角といいます。

2 □にあてはまることばを書きましょう。　〔1つ　14点〕

2直角の角度を [　　　　　　] の角度, 4直角の角度を [　　　　　　] の角度といいます。

45 角度のもとめ方①

とく点

点

答え➡別冊12ページ

ポイント

あの角度は，

180＋<u>60</u> ＝ 240

⋮

<u>いの角度</u>　　　　　　　　　<u>240°</u>

いの角度をはかってもとめるよ。

---

1 次のあの角度を 180° よりどれだけ大きいかを考えてもとめます。
□にあてはまる数を書きましょう。

〔1問　25点〕

①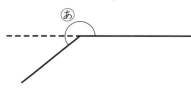

式　180＋□

＝□

答え（□°）

②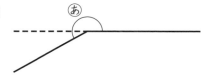

式　180＋□

＝□

答え（□°）

③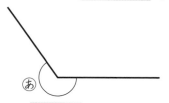

式　180＋□

＝□

答え（□°）

④

式　180＋□

＝□

答え（□°）

46 角度のもとめ方②

とく点

点

答え➡別冊12ページ

ポイント

あの角度は， $360 - \underline{80} = 280$

⋮

<u>○の角度</u>

$\underline{280°}$

○の角度をはかってもとめるよ。

---

1 次のあの角度を 360° よりどれだけ小さいかを考えてもとめます。
□にあてはまる数を書きましょう。

〔1問　25点〕

①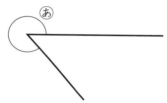

式　$360 - \boxed{}$

$= \boxed{}$

答え （ \boxed{}° ）

②

式　$360 - \boxed{}$

$= \boxed{}$

答え （ \boxed{}° ）

③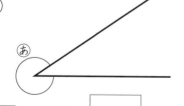

式　$360 - \boxed{}$

$= \boxed{}$

答え （ \boxed{}° ）

④

式　$360 - \boxed{}$

$= \boxed{}$

答え （ \boxed{}° ）

47 向かいあった角

とく点

点

答え➡別冊12ページ

おぼえよう

下の図で，向かいあう角の角度は等しい。

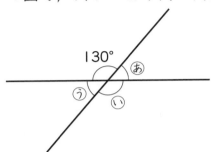

あ…180－130 = 50   <u>50°</u>
う…180－130 = 50   <u>50°</u>
い…180－50 = 130   <u>130°</u>

1 右の図を見て答えましょう。   〔1問　11点〕

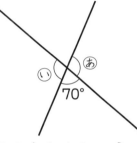

① あの角度を分度器ではかりましょう。

（　　　　　　）

② いの角度を分度器ではかりましょう。

（　　　　　　）

③ あの角度を計算でもとめます。□にあてはまる数を書きましょう。

式　180－□ ＝ □   答え（□ °）

④ いの角度を計算でもとめます。□にあてはまる数を書きましょう。

式　180－□ ＝ □   答え（□ °）

⑤ あといの角度は，等しいといえますか。　　（　　　　　　）

右の図を見て答えましょう。 〔1問 5点〕

① あの角度を分度器ではかりましょう。

（　　　　　）

② いの角度を分度器ではかりましょう。

（　　　　　）

③ うの角度を分度器ではかりましょう。

（　　　　　）

④ あの角度を計算でもとめます。□にあてはまる数を書きましょう。

式　180－□＝□

答え（□°）

⑤ いの角度を計算でもとめます。□にあてはまる数を書きましょう。

式　180－□＝□

答え（□°）

⑥ うの角度を計算でもとめます。□にあてはまる数を書きましょう。

式　180－□＝□

答え（□°）

⑦ 45°の角と角度が等しい角はどれですか。

（　　　　　）

⑧ あの角と角度が等しい角はどれですか。

（　　　　　）

⑨ 向かいあった角の角度は，それぞれ等しいといえますか。

（　　　　　）

三角形と角⑧

角のかき方①

答え➡別冊12ページ

おぼえよう

〔**角のかき方①**〕（れい）55°の角をかく。

①辺アイをかく。

②点アに分度器の中心を合わせ，0°の線を辺アイに重ねる。

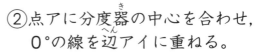

③分度器の目もりの55°のところに点ウをうつ。

④点アと点ウを通る直線をひく。

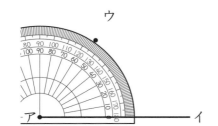

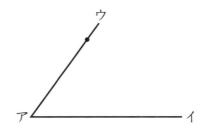

1 次の角をかきましょう。 〔1問 15点〕

① 30°

② 80°

2 次の角をかきましょう。　　　　　　　　　　　　　　〔1問　15点〕

① 45°

② 75°

3 次の角をかきましょう。　　　　　　　　　　　　　　〔1問　10点〕

① 120°

② 160°

③ 115°

④ 145°

49 三角形と角⑨
角のかき方②

 **おぼえよう**

〔**角のかき方②**〕 (れい) 210° の角をかく。

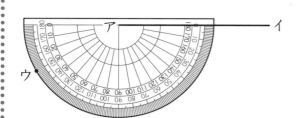

210° が 180° より 30° 大きいことから,

180＋30 ＝ 210 と考えて角をかきます。

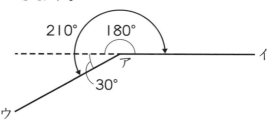

1 次の角をかきましょう。 〔1問 15点〕

① 230°

② 260°

③ 195°

④ 245°

〔角のかき方③〕 （れい）320°の角をかく。

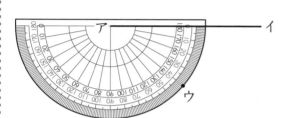

320°が360°より40°小さいことから，

360－40＝320と考えて角をかきます。

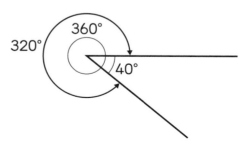

2 次の角をかきましょう。　　　　　　　　　　　〔1問　10点〕

① 300°

② 350°

③ 315°

④ 345°

 おぼえよう

〔三角形のかき方〕（れい）右のような三角形をかく。

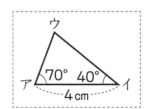

① 4cm の辺アイをかく。

② 点アを中心にして，70°の角をかく。

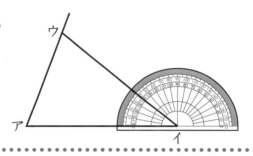

ア———————イ

③ 点イを中心にして，40°の角をかく。交わった点を，点ウとする。

 右の図のような三角形をかきましょう。　〔25点〕

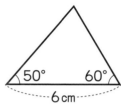

右の図のような三角形をかきましょう。

〔1問 25点〕

①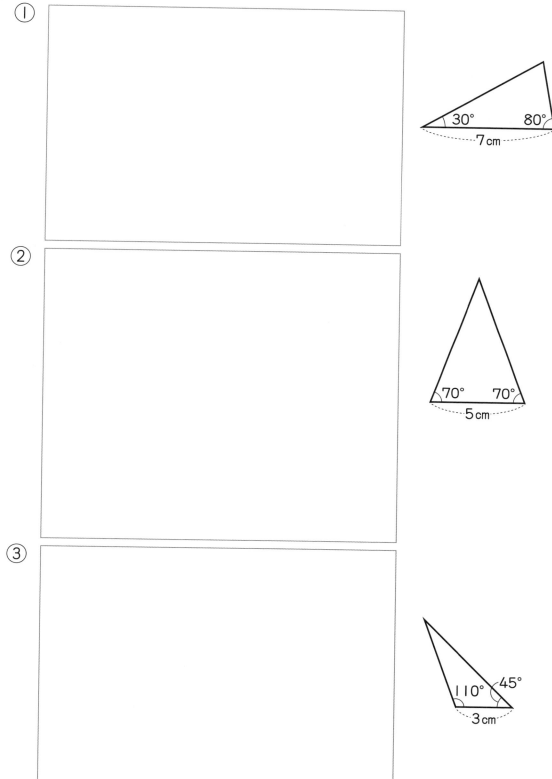

②

③

三角じょうぎ①

🔵 **おぼえよう**

〔三角じょうぎの角度①〕

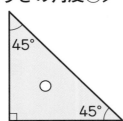

45°

○

45°

└ は直角を表すしるしです。
また，左の三角じょうぎは，
直角をはさむ2つの辺の長さが
等しくなっています。

1 三角じょうぎの角度を調べます。

〔1問 20点〕

① あの角度は何度ですか。

(   )

② ①の角度は何度ですか。

(   )

③ ⑤の角度は何度ですか。

(   )

④ あの角と角度が等しい角はどの角ですか。

(   )

⑤ ①の角度は，⑤の角度のいくつ分ありますか。

(   )

52 三角じょうぎ②

おぼえよう

〔三角じょうぎの角度②〕

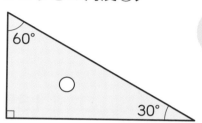

1組の三角じょうぎの角度
はおぼえておこう。

1 三角じょうぎの角度を調べます。 〔1問　20点〕

① ⓐの角度は何度ですか。

（　　　　　）

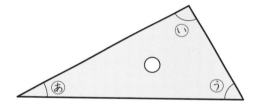

② ⓘの角度は何度ですか。

（　　　　　）

③ ⓤの角度は何度ですか。

（　　　　　）

④ ⓘの角度はⓐの角度のいくつ分ですか。

（　　　　　）

⑤ ⓤの角度はⓐの角度のいくつ分ですか。

（　　　　　）

れい

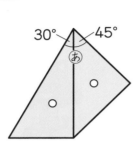

30°　45°

あ

あ　(**75°**)

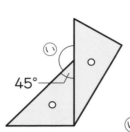

45°

い

い　(**135°**)

1 次の角度をもとめましょう。　〔1つ　25点〕

①

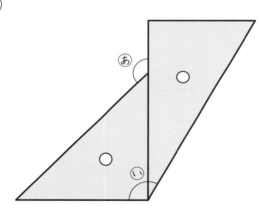

あ

い

あは 180°から
何度ひけば
いいかな？

あ　(　　　　　)

い　(　　　　　)

②

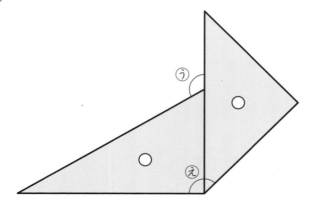

う

え

う　(　　　　　)

え　(　　　　　)

とく点

点

答え➡別冊14ページ

れい

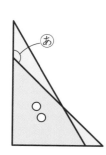

あ（135°）

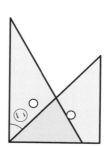

い（45°）

1 次の角度をもとめましょう。　　　　〔1問　25点〕

①

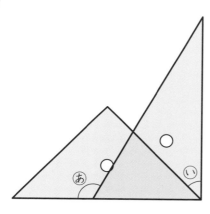

あ（　　　　）

い（　　　　）

②

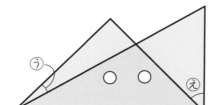

う（　　　　）

え（　　　　）

55 まとめ

とく点

点

答え➡別冊14ページ

1 次の角度をはかりましょう。 〔1問 10点〕

①

（　　　）

②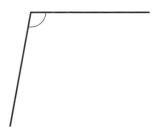

（　　　）

③

（　　　）

④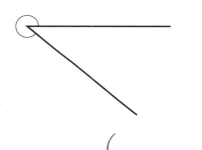

（　　　）

2 次の角をかきましょう。 〔1問 10点〕

① 70°

② 215°

3 右の図のような三角形をかきましょう。 〔1問 10点〕

①

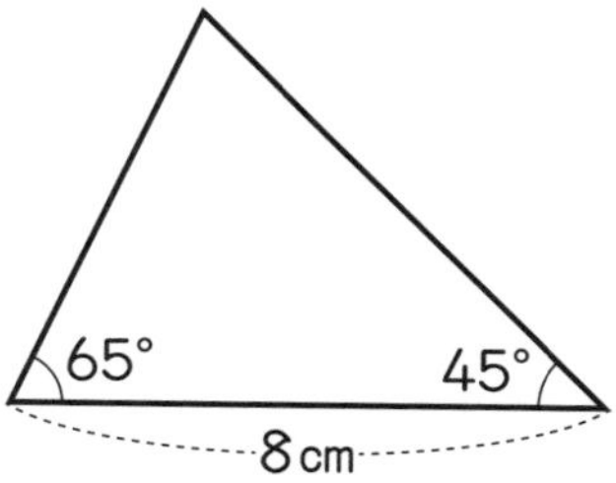

65° 45°
8cm

②

30° 105°
6cm

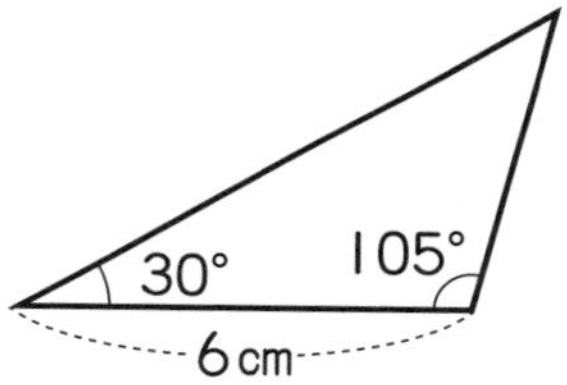

4 次の角度をもとめましょう。 〔1問 10点〕

①

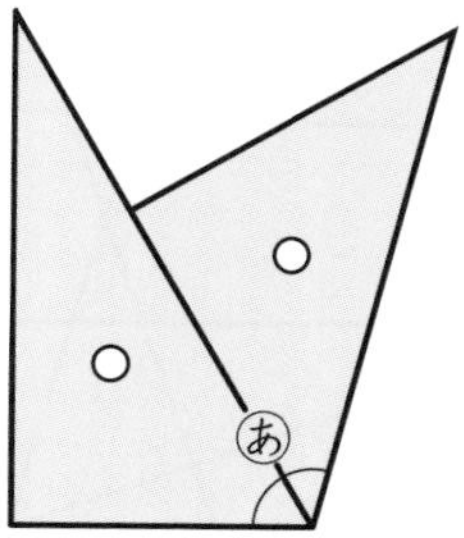

②

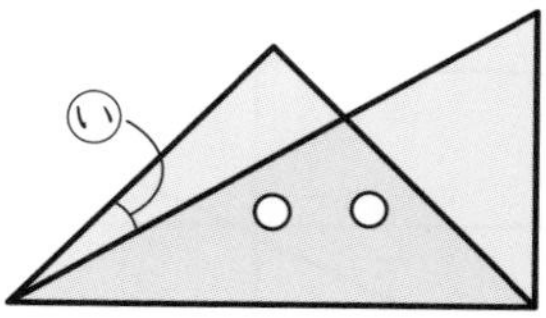

あ （　　　　）　　　　　　　　い （　　　　）

56 垂直と平行① 垂直

おぼえよう

2本の直線が交わってできる角が
直角のとき，この2本の直線は，
垂直であるといいます。
〔└は直角のしるしです。〕

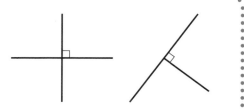

1 次の図で，2本の直線が垂直なのはどれですか。すべて書きましょう。
うとえは直線をのばして調べましょう。　　　　　　　　　　〔50点〕

あ　　　　　　い　　　　　　う　　　　　　え

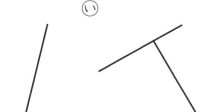

（　　　　　　　　）

2 次の図で，垂直になっている直線は，どれとどれですか。〔1つ　25点〕

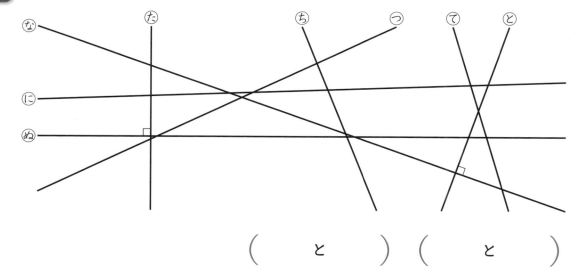

（　　と　　）（　　と　　）

垂直と平行②

平行

とく点

点

答え➡別冊14ページ

🔵 **おぼえよう**

１本の直線に垂直な２本の直線は，**平行**であるといいます。

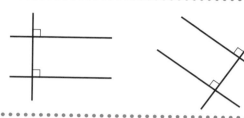

1 右の図で，平行になっている直線はどれとどれですか。

〔1つ　25点〕

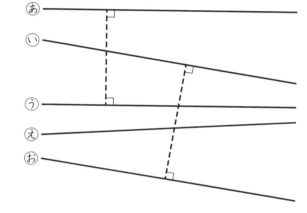

(　　と　　)

(　　と　　)

2 右の図で，平行になっている直線はどれとどれですか。調べて答えましょう。

（平行な２本の直線のはばは，どこも等しくなっています。）

〔1つ　25点〕

(　　と　　)

(　　と　　)

おぼえよう

平行な直線は，ほかの直線と等しい
角度で交わります。

右の図で，あ，い，うが
平行なとき，⑦＝⑦＝⑦，
⑰＝⑲＝⑳ です。

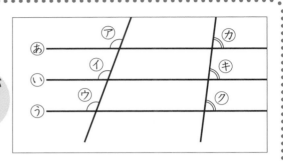

1 平行な直線に，１本の直線が交わっています。⑦〜①の中で，角度が
等しい角はどれとどれですか。 〔1つ　10点〕

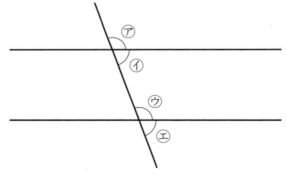

（　　　と　　　）

（　　　と　　　）

2 平行な直線に，１本の直線が交わっています。⑦〜①の中で，角度が
等しい角はどれとどれですか。 〔1つ　10点〕

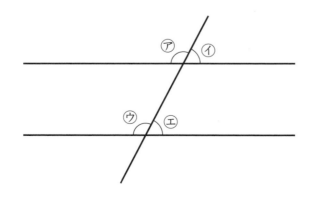

（　　　と　　　）

（　　　と　　　）

3 平行な直線に，１本の直線が交わっています。⑦～⊆の中で，角度が等しい角はどれとどれですか。

〔1つ　10点〕

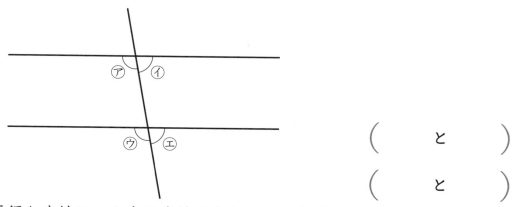

（　　　と　　　）

（　　　と　　　）

4 平行な直線に，１本の直線が交わっています。次の問題に答えましょう。

〔1問　10点〕

① ⑦と角度が等しい角は，どれとどれですか。

（　　　と　　　）

② ⊆と角度が等しい角は，どれとどれですか。

（　　　と　　　）

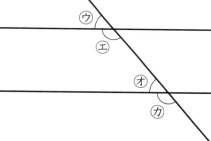

5 平行な直線に，１本の直線が交わっています。次の問題に答えましょう。

〔1問　10点〕

① ㋔と角度が等しい角は，どれとどれですか。

（　　　と　　　）

② ㋑と角度が等しい角は，どれとどれですか。

（　　　と　　　）

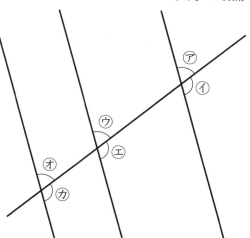

平行な直線と角度②

🐢ポイント

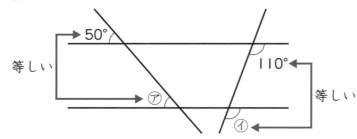

等しい

50°

110°

等しい

⑦

⑦

平行な直線に，2本の
直線が交わっています。

⑦　(**50°**)

⑦　(**110°**)

1 　平行な直線に，1本の直線が交わっています。次の問題に答えましょう。〔1問　10点〕

① 　⑦の角度は何度ですか。

(　　　　　　)

② 　⑦の角度は何度ですか。

(　　　　　　)

⑦　80°

100°　⑦

2 　平行な直線に，1本の直線が交わっています。次の問題に答えましょう。〔1問　10点〕

① 　⑦の角度は何度ですか。

(　　　　　　)

② 　⑦の角度は何度ですか。

(　　　　　　)

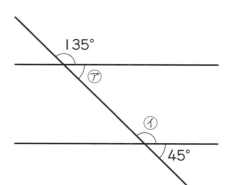

135°

⑦

⑦

45°

3 平行な直線に，１本の直線が交わっています。次の問題に答えましょう。

〔1問　10点〕

① ⑦の角度は何度ですか。

（　　　　　）

② ⑦の角度は何度ですか。

（　　　　　）

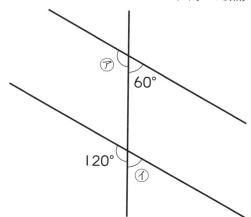

4 平行な直線に，１本の直線が交わっています。次の問題に答えましょう。

〔1問　10点〕

① 75°と等しい角は，⑦〜⑨のどれとどれですか。

（　　　と　　　）

② 105°と等しい角は，⑦〜⑨のどれとどれですか。

（　　　と　　　）

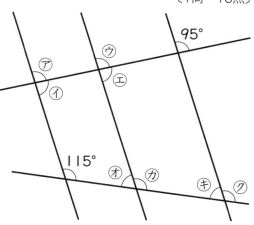

5 平行な直線に，２本の直線が交わっています。次の問題に答えましょう。

〔1問　10点〕

① 95°と等しい角は，⑦〜⑨のどれとどれですか。

（　　　と　　　）

② 115°と等しい角は，⑦〜⑨のどれとどれですか。

（　　　と　　　）

❓ポイント

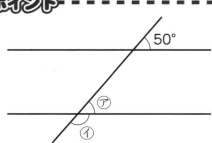

平行な直線に, 1本の直線が交わっています。①の角度をもとめます。
⑦の角度は50°だから,
①の角度は, 180－50 ＝ 130

130°

1 平行な直線に, 1本の直線が交わっています。次の問題に答えましょう。

〔1問 5点〕

① ⑦の角度は何度ですか。

(　　　　　)

② ①の角度を計算でもとめます。□にあてはまる数を書きましょう。

式　180－□ ＝ □

答え (□°)

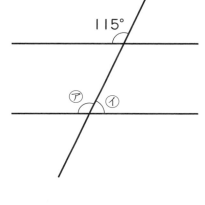

2 平行な直線に, 1本の直線が交わっています。次の問題に答えましょう。

〔1問 5点〕

① ⑦の角度は何度ですか。

(　　　　　)

② ①の角度を計算でもとめます。□にあてはまる数を書きましょう。

式　180－□ ＝ □

答え (□°)

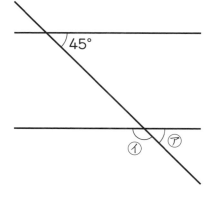

3 平行な直線に，1本の直線が交わっています。次の問題に答えましょう。

〔1問 8点〕

① ⑦の角度は何度ですか。

( )

② ⑦の角度は何度ですか。

( )

③ ⑦の角度は何度ですか。

( )

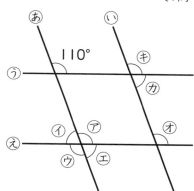

4 ⑩と⑪の直線，⑬と⑭の直線は，それぞれ平行です。次の問題に答えましょう。

〔1問 8点〕

① ⑦の角度は何度ですか。

( )

② ⑦の角度は何度ですか。

( )

③ ⑦の角度は何度ですか。

( )

④ ⑦の角度は何度ですか。

( )

⑤ ⑦の角度は何度ですか。

( )

⑥ ⑦の角度は何度ですか。

( )

⑦ ⑦の角度は何度ですか。

( )

平行な直線のはば

おぼえよう

　平行な直線のはばは，どこも等しいです。

　平行な直線は，どこまでのばしても交わりません。

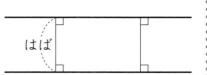

1 平行な直線のはばを表しているのは，ア～エのどれですか。　〔5点〕

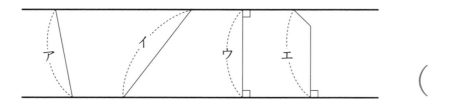

（　　　　　）

2 下の図で，直線あと直線いは平行です。次の問題に答えましょう。

〔1問　5点〕

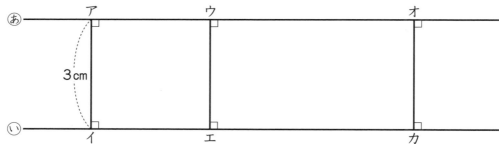

① あといの直線のはばは何cmですか。　　　（　　　　　）

② ウエの長さは何cmですか。　　　（　　　　　）

③ オカの長さは何cmですか。　　　（　　　　　）

3 右の長方形を見て，次の問題に答えましょう。 〔1問 10点〕

① 辺アイと平行な辺はどの辺
ですか。 （　　　　　　）

② ①の辺の組を直線とみると，
その直線のはばは何cmです
か。 （　　　　　　）

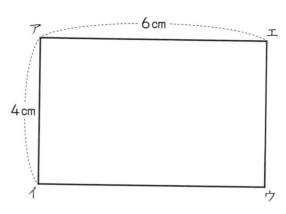

③ 辺アエと平行な辺はどの辺ですか。 （　　　　　　）

④ ③の辺の組を直線とみると，その直線のはばは何cmですか。

（　　　　　　）

4 右の正方形を見て，次の問題に答えましょう。 〔1問 10点〕

① 辺イウと平行な辺はどの辺です
か。

（　　　　　　）

② ①の辺の組を直線とみると，そ
の直線のはばは何cmですか。

（　　　　　　）

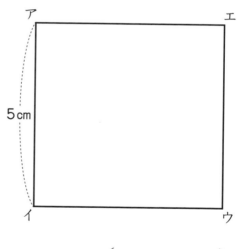

③ 辺エウと平行な辺はどの辺ですか。 （　　　　　　）

④ ③の辺の組を直線とみると，その直線のはばは何cmですか。

（　　　　　　）

おぼえよう

〔**垂直な直線のひき方**〕—点アを通って直線あに垂直な直線—

①直線あに三角じょうぎを合わせる。

②①の三角じょうぎにもう１まいの三角じょうぎの直角のある辺を合わせる。

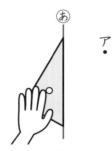

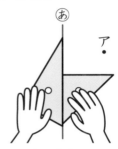

③点アにあうように右がわの三角じょうぎを動かす。

④三角じょうぎをしっかりおさえながら直線をひく。

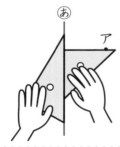

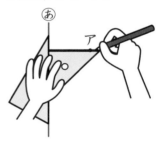

1 　１組の三角じょうぎを使って，点アを通って，直線あに垂直な直線をひきましょう。

〔20点〕

2 1組の三角じょうぎを使って，点アを通って，直線㋐に垂直な直線をひきましょう。

〔1問　20点〕

①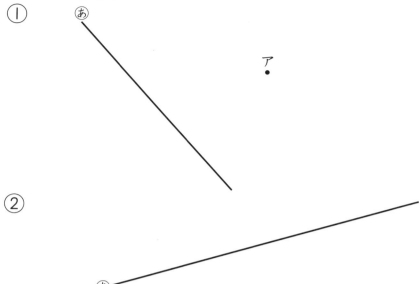

②

③

④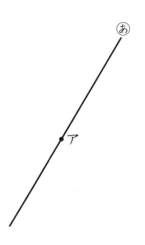

おぼえよう

〔平行な直線のひき方〕―点アを通って直線㋐に平行な直線―

①直線㋐に三角じょうぎを合わせる。

②①の三角じょうぎにもう1まいの三角じょうぎを合わせて，直角をつくる。

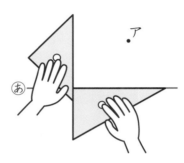

③右がわの三角じょうぎを点アにあうように動かす。

④三角じょうぎをしっかりおさえながら直線をひく。

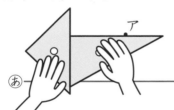

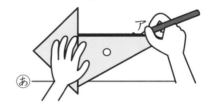

1組の三角じょうぎを使って，点アを通って，直線㋐に平行な直線をひきましょう。

〔30点〕

ア・

㋐ ―――――――――――――――――――――――――

2 1組の三角じょうぎを使って，点アを通って，直線あに平行な直線をひきましょう。

〔1問　20点〕

①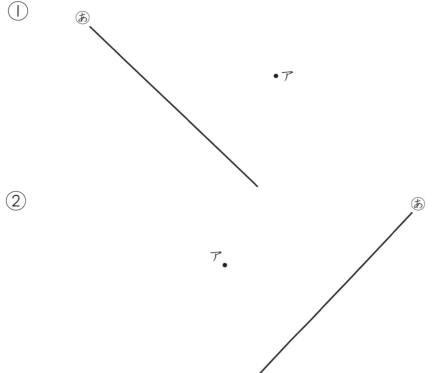

②

3 直線あに平行な，直線あから4cmはなれている直線を2本ひきましょう。

〔30点〕

64 垂直と平行⑨ まとめ

とく点

点

答え➡別冊16ページ

1 □にあてはまることばを書きましょう。 〔1問 4点〕

① 2本の直線が交わってできる角が直角のとき，この2本の直線は
　□　であるといいます。

② 1本の直線に垂直な2本の直線は，　□　であるといいます。

③ □　な直線は，ほかの直線と等しい角度で交わります。

④ □　な直線のはばは，どこも等しくなっています。

⑤ □　な直線は，どこまでのばしても交わりません。

2 下の図で，2本の直線が垂直なのはどれですか。すべて書きましょう。 〔10点〕

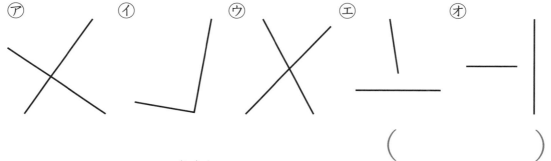

㋐　　㋑　　㋒　　㋓　　㋔

（　　　　　　　）

3 下の図で，直線㋐に垂直な直線をすべて書きましょう。 〔10点〕

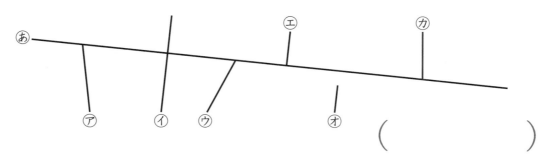

（　　　　　　　）

下の図で，平行になっている直線はどれとどれですか。 〔10点〕

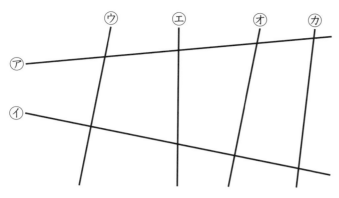

(と)

5 右の図で，直線⑧と⑩は平行です。次の問題に答えましょう。

〔1問 10点〕

① ⑰の角度は何度ですか。

( )

② ⑰の角と角度が等しい角は，⑱～⑳のどれですか。すべて書きましょう。

( )

③ ウエの長さは何cmですか。 ( )

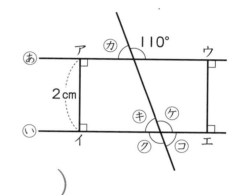

6 1組の三角じょうぎを使って，①は点アを通って直線⑧に垂直な直線を，②は点アを通って直線⑧に平行な直線をひきましょう。〔1問 10点〕

①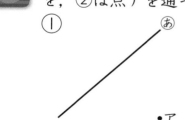

②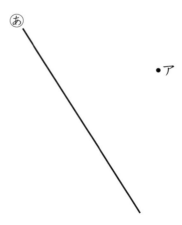

おぼえよう

　向かいあう１組の辺が平行な四角形を
台形といいます。

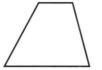

1 下の図の中から台形を４つえらびましょう。　　〔1つ　25点〕

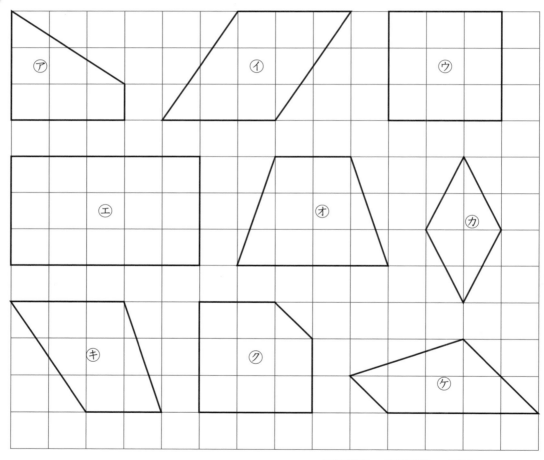

　　　　　，　　　　，　　　　，

ポイント

下の図のような台形をかきます。

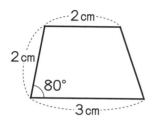

まず3cmの辺をかき,
次に80°の角をかきましょう。
平行な辺のかき方は,
100ページを思い出そう。

1 下の⑦と④の直線は平行です。これを使って,台形を3つかきましょう。

〔1つ 20点〕

⑦ ————————————————————————————

④ ————————————————————————————

2 下の図のような台形をかきましょう。

〔1問 20点〕

①

②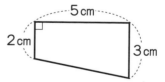

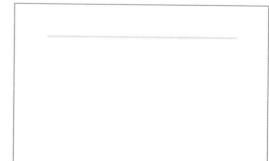

四角形③
平行四辺形①

おぼえよう

向かいあう2組の辺が平行な四角形を
平行四辺形といいます。

---

1 下の図の中から向かいあう2組の辺が平行な四角形を4つえらびましょう。

〔1つ 10点〕

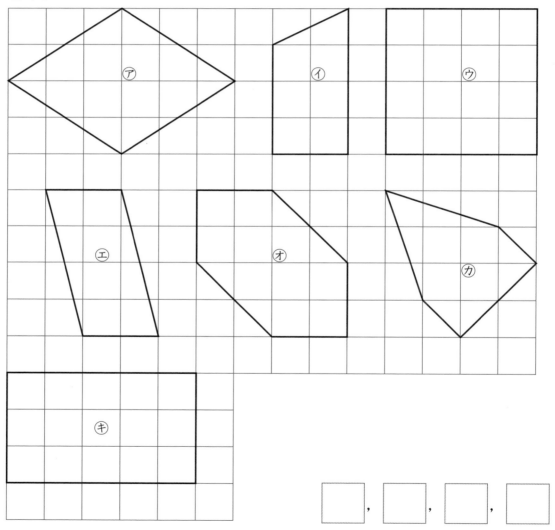

☐ , ☐ , ☐ , ☐

下の図の中から，平行四辺形を４つえらびましょう。　　　〔1つ　15点〕

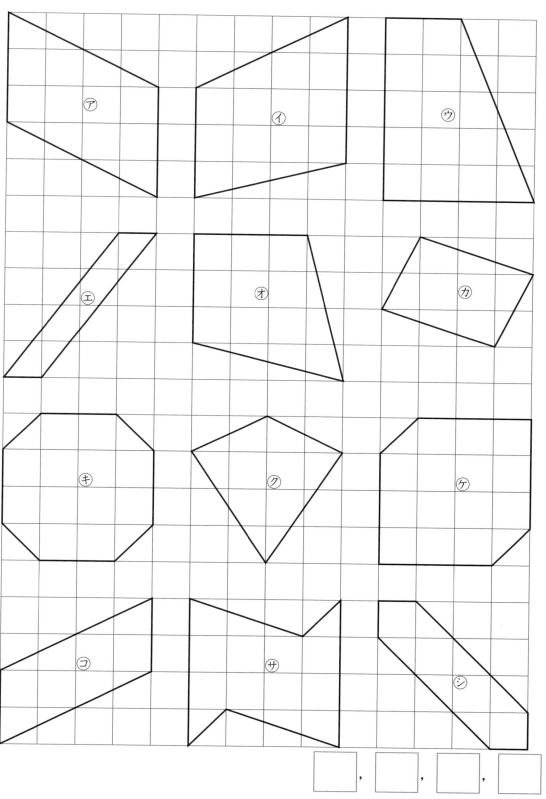

□　，　□　，　□　，　□

> 🔔 **おぼえよう**
>
> 平行四辺形の向かいあう辺の長さは等しくなっています。

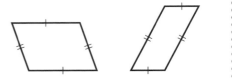

1 右の平行四辺形を見て答えましょう。　　　〔1問　10点〕

① 辺アイと長さが等しい辺はどれですか。

（　　　　　　）

② 辺アエと長さが等しい辺はどれですか。

（　　　　　　）

③ 辺イウが6cmのとき，辺アエは何cmですか。

（　　　　　　）

④ 辺エウが8cmのとき，辺アイは何cmですか。

（　　　　　　）

2 右の平行四辺形を見て答えましょう。　　　〔1問　20点〕

① 辺エウと長さが等しい辺はどれですか。

（　　　　　　）

② 辺イウの長さは何cmですか。

（　　　　　　）

③ 辺アイの長さは何cmですか。

（　　　　　　）

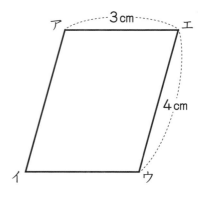

平行四辺形③

🔊 **おぼえよう**

平行四辺形の向かいあう角の大きさは等しくなっています。

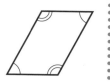

1 右の平行四辺形を見て答えましょう。　　　　〔1問　10点〕

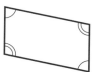

① 角アと大きさが等しい角はどれですか。

（　　　　）

② 角イと大きさが等しい角はどれですか。

（　　　　）

③ ウの角度が110°のとき，角アは何度ですか。

（　　　　）

④ エの角度が70°のとき，角イは何度ですか。

（　　　　）

2 右の平行四辺形を見て答えましょう。　　　　〔1問　20点〕

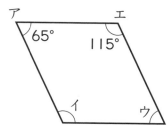

① 角イは何度ですか。　　（　　　　）

② 角ウは何度ですか。　　（　　　　）

③ 平行四辺形のとなりあった角の角度の和は何度ですか。

（　　　　）

🖝 おぼえよう

〔平行四辺形のかき方①〕

・向かいあう辺が平行に
なるようにかく。

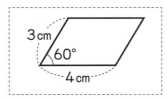

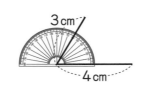

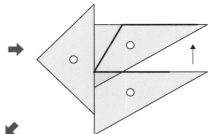

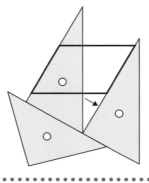

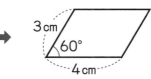

 向かいあう辺が平行になることを使って，次の平行四辺形をかきまし
ょう。

〔50点〕

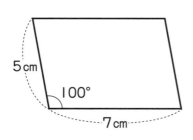

〔平行四辺形のかき方②〕

・向かいあう辺の長さが
　等しくなるようにかく。

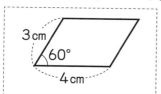

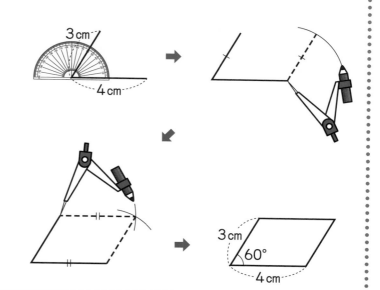

2 向かいあう辺の長さが等しくなることを使って，次の平行四辺形をかきましょう。

〔1問　25点〕

①

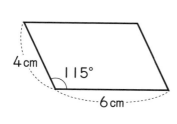

②

ひし形①

とく点

点

答え➡別冊17ページ

おぼえよう

4つの辺の長さがすべて等しい四角形を，**ひし形**といいます。

1 下の図の中から4つの辺の長さが等しい四角形を4つえらびましょう。

〔1つ 10点〕

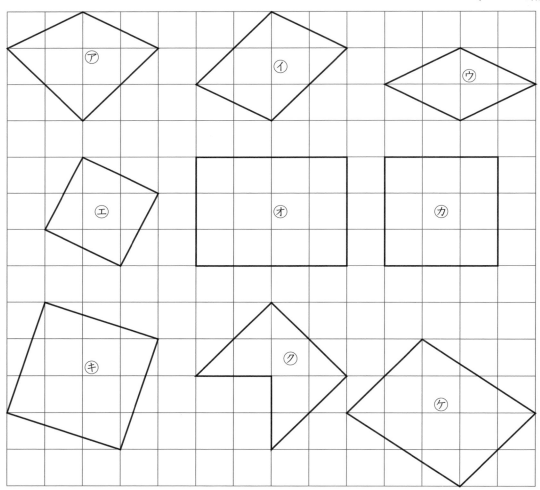

ア イ ウ エ オ カ キ ク ケ

☐ , ☐ , ☐ , ☐

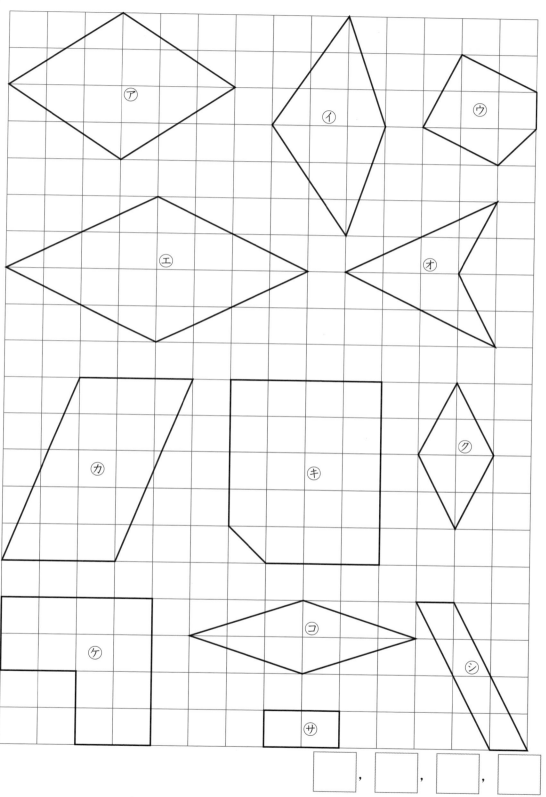

72 ひし形②

おぼえよう

ひし形では，向かいあう辺は平行です。

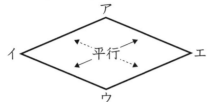

・辺アイと辺エウが平行です。
・辺アエと辺イウが平行です。

1 右のひし形を見て答えましょう。　〔1問　20点〕

① 辺アイに平行な辺はどれですか。

（　　　　　）

② 辺アエに平行な辺はどれですか。

（　　　　　）

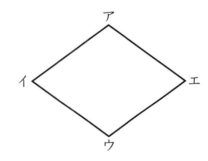

2 右のひし形を見て答えましょう。　〔1問　15点〕

① 辺ウエに平行な辺はどれですか。

（　　　　　）

② ①の辺の長さは何cmですか。

（　　　　　）

③ 辺イウに平行な辺はどれですか。

（　　　　　）

④ ③の辺の長さは何cmですか。

（　　　　　）

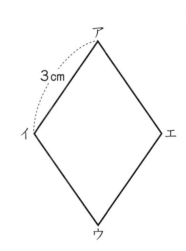

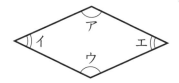 **おぼえよう**

ひし形では，向かいあった角の大きさは等しくなっています。

・角アと角ウが等しくなっています。
・角イと角エが等しくなっています。

1 右のひし形を見て答えましょう。

〔1問　20点〕

① 角アと大きさが等しい角はどれですか。

（　　　　　）

② 角イと大きさが等しい角はどれですか。

（　　　　　）

2 右のひし形を見て答えましょう。

〔1問　20点〕

① 角ウは何度ですか。（　　　　　）

② 角エは何度ですか。（　　　　　）

③ ひし形のとなりあう角の角度の和は何度ですか。

（　　　　　）

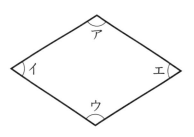

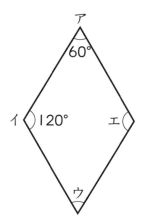

ひし形④

 おぼえよう

〔ひし形のかき方〕

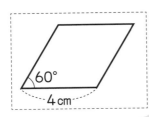

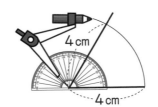

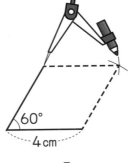

ひし形の4つの辺の長さが等しいことを使って，ひし形をかきます。

1 下の図のようなひし形をかきましょう。　〔25点〕

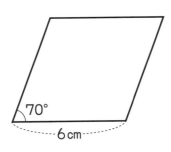

2 次の図のようなひし形をかきましょう。　〔1問　25点〕

①

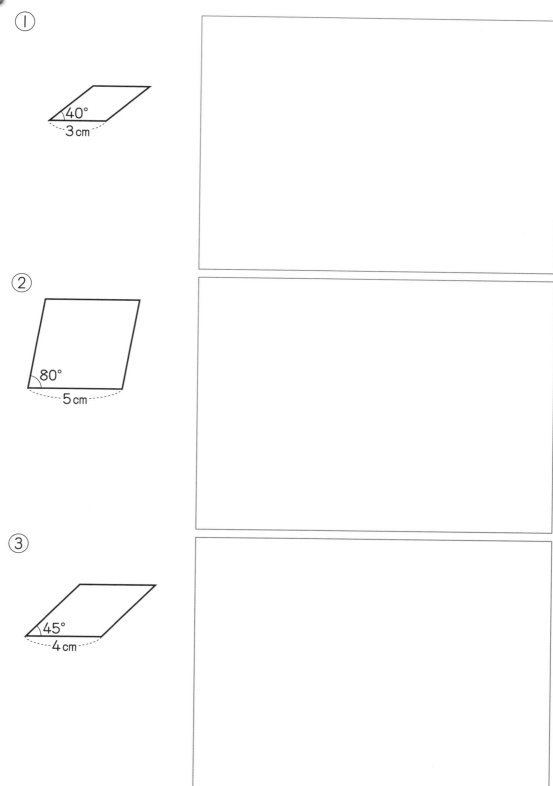

40°
3cm

② 80°
5cm

③ 45°
4cm

おぼえよう

　四角形の向かいあう頂点をむすんだ
直線を**対角線**といいます。

　四角形の対角線は2本あります。

　長方形と正方形の対角線の長さは, 等し
くなっています。

対角線

等しい　　　　　　等しい

1 下の四角形に対角線をひきましょう。 〔1問　7点〕

①

②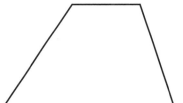

③

④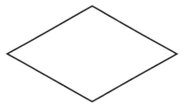

⑤

⑥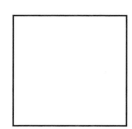

2 次の四角形で，2本の対角線の長さがいつでも等しければ〇を，そうでなければ×を（　　）に書きましょう。

〔1問　7点〕

① 台形　　　　（　　　　）　　　② 平行四辺形　（　　　　）

③ ひし形　　　（　　　　）　　　④ 長方形　　　（　　　　）

⑤ 正方形　　　（　　　　）

3 次の問題に答えましょう。

〔1問　7点〕

① 右の図のように，長方形の紙を対角線アウで切ります。できた三角形はどんな三角形といえますか。

（　　　　　　　　）

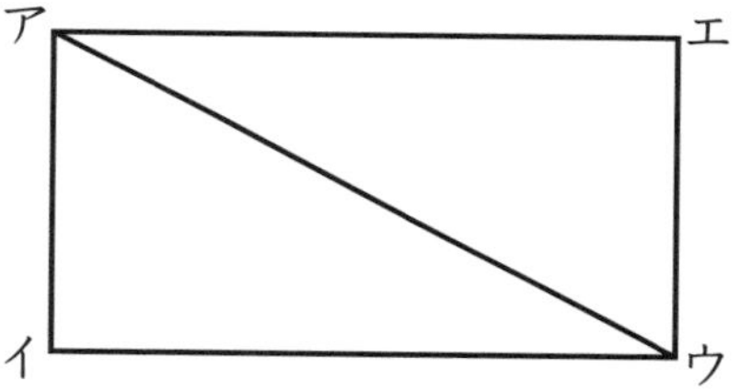

② 右の図のように，正方形の紙を対角線アウで切ります。できた三角形はどんな三角形といえますか。

（　　　　　　　　）

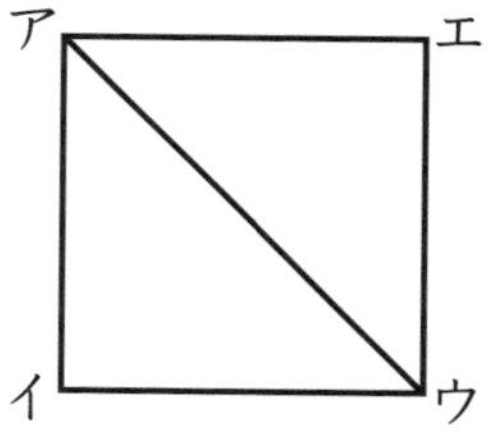

4 台形のなかまには，2本の対角線の長さが等しいものがあります。平行でない1組の辺に目をつけて，その形をかいてみましょう。

〔9点〕

答え➡別冊18ページ

おぼえよう

平行四辺形, ひし形, 長方形, 正方形は, 対角線が交わった点で, それぞれが, 2等分されています。

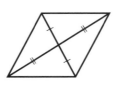
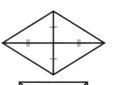

・長方形, 正方形は, 2本の対角線が交わった点から4つの頂点までの長さが等しくなっています。

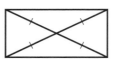

1 次の四角形で, いつでも対角線が交わった点で, それぞれが2等分されていれば○を, そうでなければ×を( )に書きましょう。〔1問 6点〕

① 台形 ( )   ② 平行四辺形 ( )

③ ひし形 ( )   ④ 長方形 ( )

⑤ 正方形 ( )

2 次の四角形で, いつでも2本の対角線が交わった点から4つの頂点までの長さが等しければ○を, そうでなければ×を( )に書きましょう。

〔1問 6点〕

① 台形 ( )   ② 平行四辺形 ( )

③ ひし形 ( )   ④ 長方形 ( )

⑤ 正方形 ( )

3 下の図は，ある四角形の対角線です。それぞれ何という四角形ですか。

〔1問　5点〕

①

②

(　　　　　　　)　　　　(　　　　　　　)

4 右のひし形を見て，次の問題に答えましょう。　〔1問　5点〕

① アオの長さは何cmですか。

(　　　　　)

② イエの長さは何cmですか。

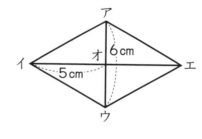

(　　　　　)

③ 2本の対角線で切ってできる4つの三角形は，形も大きさも同じといえますか。

(　　　　　)

5 右の長方形を見て，次の問題に答えましょう。　〔1問　5点〕

① イエの長さは何cmですか。

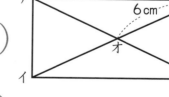

(　　　　　)

② アオの長さは何cmですか。

(　　　　　)

③ アウの長さは何cmですか。

(　　　　　)

🔵 **おぼえよう**

ひし形と正方形は，2本の対角線が
垂直に交わります。

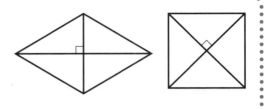

1 次の四角形で，いつでも2本の対角線が垂直に交われば○を，そうでなければ×を（　）に書きましょう。　〔1問　8点〕

① 台形　　　（　　　　）　　② 平行四辺形　（　　　　）

③ ひし形　　（　　　　）　　④ 長方形　　　（　　　　）

⑤ 正方形　　（　　　　）

2 下の図は，ある四角形の対角線です。それぞれ何という四角形ですか。　〔1問　9点〕

①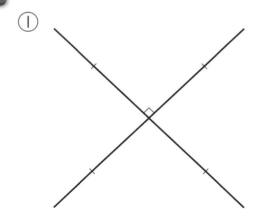

（　　　　）

②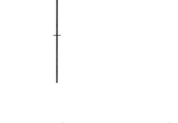

（　　　　）

3 次の四角形を書きましょう。 〔1問 9点〕

① 対角線の長さが6cmの正方形

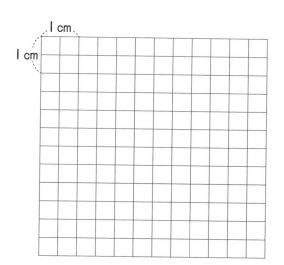

② 対角線の長さが4cmと6cmのひし形

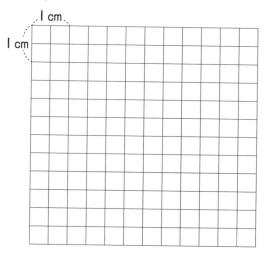

4 次の問題に答えましょう。 〔1問 8点〕

① 右の図のように，ひし形の紙を対角線イエで切ります。できた三角形はどんな三角形といえますか。

（　　　　　　　　）

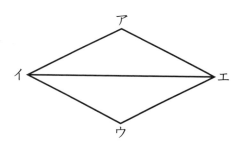

② 右の図のように，ひし形の紙を対角線アウ，対角線イエで切ります。できた三角形はどんな三角形といえますか。

（　　　　　　　　）

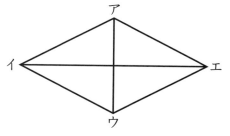

③ 右の図のように，正方形の紙を対角線アウ，対角線イエで切ります。できた三角形はどんな三角形といえますか。

（　　　　　　　　）

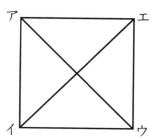

いろいろな四角形

れい

下のせいしつをもっている四角形を全部書きましょう。

| 長方形 | 平行四辺形 | 台形 | 正方形 | ひし形 |

㋐　　　㋑　　　㋒　　　㋓　　　㋔　　　㋕

① 4つの角の角度が等しい。　　② 平行な辺が2組ある。

（㋑，㋔）　　　（㋑，㋒，㋔，㋕）

1　上の〈れい〉の四角形を見て，下のせいしつをもっている四角形を全部書きましょう。

〔1問　5点〕

① 平行な辺が1組もない。　　（　　　　　　）

② 向かいあう辺の長さが等しい。　　（　　　　　　）

③ 向かいあう角の角度が等しい。　　（　　　　　　）

④ 4つの辺の長さが全部等しい。　　（　　　　　　）

⑤ 4つの角が全部直角である。　　（　　　　　　）

⑥ 平行な辺が1組だけある。　　（　　　　　　）

☆⑦ となりあう角の角度の和が180°になる。　　（　　　　　　）

2 下の四角形を見て答えましょう。 〔1問 5点。①は1つ5点〕

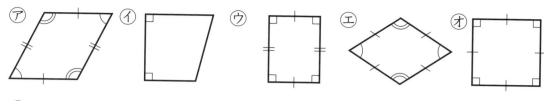

① ⑦～⑦の四角形の名前を書きましょう。

⑦ (　　　　　　　　) ⑦ (　　　　　　　　)

⑦ (　　　　　　　　) ⑦ (　　　　　　　　)

⑦ (　　　　　　　　)

② 2本の対角線が垂直に交わる四角形を全部えらんで，⑦～⑦の記号で答えましょう。 (　　　　　　　　)

③ 2本の対角線の長さが等しい四角形を全部えらんで，⑦～⑦の記号で答えましょう。 (　　　　　　　　)

④ 2本の対角線が交わった点から4つの頂点までの長さが等しい四角形を全部えらんで，⑦～⑦の記号で答えましょう。 (　　　　　　　　)

⑤ 2本の対角線が交わった点でそれぞれが2等分されている四角形を全部えらんで，⑦～⑦の記号で答えましょう。 (　　　　　　　　)

3 下の図のように，長方形を1本の対角線で2つに切ります。この2つの直角三角形を合わせると，どんな三角形と四角形ができますか。

〔1問 10点〕

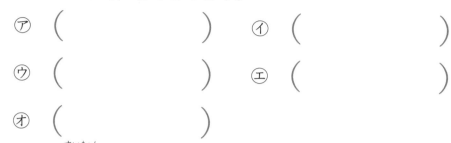

三角形 (　　　　　　　) 四角形 (　　　　　　　)

79 まとめ

1 右の図を見て，□にあてはまることばを書きましょう。 〔1つ 5点〕

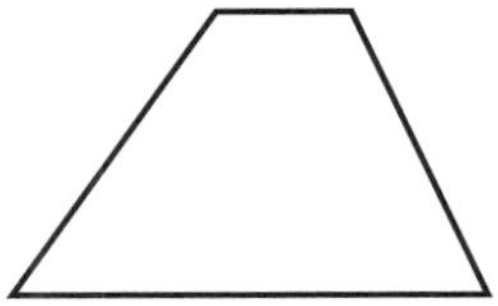

① 向かいあう1組の辺が 〔　　　〕 な四角形を，

〔　　　〕 といいます。

② 向かいあう2組の辺が 〔　　　〕 な四角形を，

〔　　　〕 といいます。

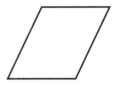

③ 4つの辺の長さが 〔　　　〕 四角形を，

〔　　　〕 といいます。

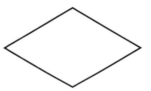

2 右の平行四辺形を見て，次の問題に答えましょう。 〔1問 6点〕

① 辺イウの長さは何cmですか。

（　　　　　）

② 辺エウの長さは何cmですか。

（　　　　　）

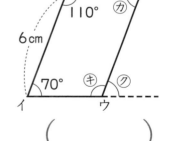

③ ⑰の角度は何度ですか。

（　　　　　）

④ ㋕の角度は何度ですか。

（　　　　　）

⑤ ㋒の角度は何度ですか。

（　　　　　）

3 右のひし形を見て，次の問題に答えましょう。 〔1問 6点〕

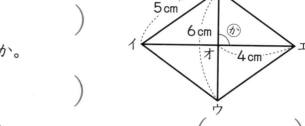

① 辺アエの長さは何 cm ですか。

（　　　　　）

② 辺イウの長さは何 cm ですか。

（　　　　　）

③ アオの長さは何 cm ですか。

（　　　　　）

④ 対角線イエの長さは何 cm ですか。

（　　　　　）

⑤ かの角度は何度ですか。

（　　　　　）

4 下の3つの点ア，イ，ウを頂点とする平行四辺形を1つかきましょう。

〔10点〕

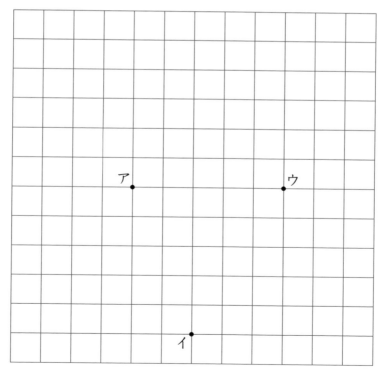

直方体と立方体①
直方体

> **おぼえよう**
> 長方形だけや，長方形と正方形で
> かこまれた箱の形を**直方体**といいます。

1 ①，②の直方体の箱の面を紙に写しとりました。それぞれにあてはまるものを，あ〜えからえらびましょう。

〔1問　50点〕

①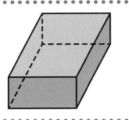

あ

い

(　　　)

②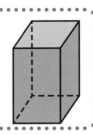

う

え

(　　　)

📣 **おぼえよう**

正方形だけでかこまれた
箱の形を**立方体**といいます。

1 ①, ②の立方体の箱の面を紙に写しとりました。それぞれにあてはまるものを, あ〜えからえらびましょう。

〔1問 50点〕

①

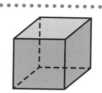

あ

い

（　　）

②

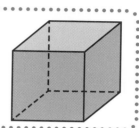

う

え

（　　）

📢 **おぼえよう**

　直方体や立方体は，まわりが平らな面でかこまれています。平らな面のことを，**平面**といいます。

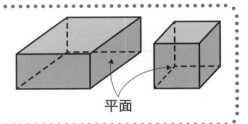

平面

1　下の図から，直方体と立方体を4つえらんで，あ～けの記号で答えましょう。

〔1つ　10点〕

あ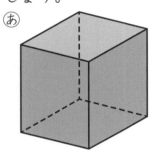

い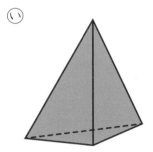

う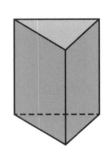

え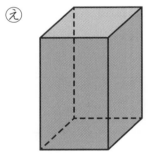

お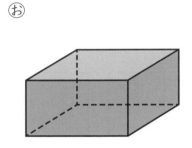

か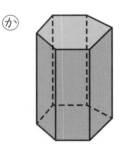

き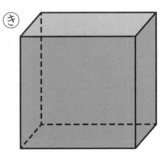

く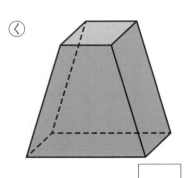

け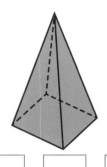

下の図から，平面だけでかこまれた形を6つえらびましょう。

〔1つ 10点〕

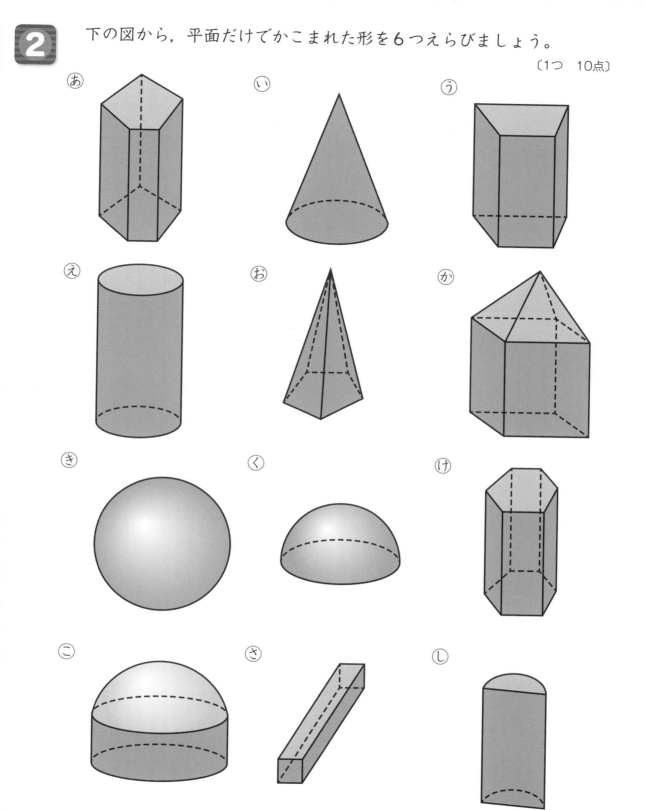

あ　　　　　い　　　　　う

え　　　　　お　　　　　か

き　　　　　く　　　　　け

こ　　　　　さ　　　　　し

☐ ， ☐ ， ☐ ， ☐ ， ☐ ， ☐

面，辺，頂点の数

とく点

点

答え➡別冊20ページ

> **おぼえよう**
>
> 直方体
>
>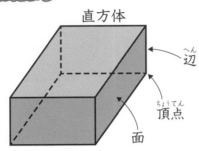
> 辺
> 頂点
> 面
>
> 立方体
>
> 面
> 辺
> 頂点

1 右の直方体を見て答えましょう。 〔1問 7点〕

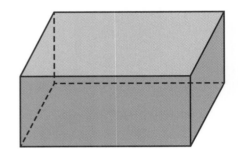

① 面の数はいくつですか。

(6つ)

② 辺の数はいくつですか。

( )

③ 頂点の数はいくつですか。

( )

④ 1つの頂点に集まっている辺の数はいくつですか。

( )

⑤ 1つの頂点に集まっている面の数はいくつですか。

( )

2 右の立方体を見て答えましょう。

〔1問 7点〕

① 面の数はいくつですか。 （　　　　　）

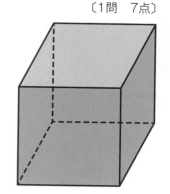

② 辺の数はいくつですか。 （　　　　　）

③ 頂点の数はいくつですか。 （　　　　　）

④ １つの頂点に集まっている辺の数はいくつですか。 （　　　　　）

⑤ １つの頂点に集まっている面の数はいくつですか。 （　　　　　）

3 直方体と立方体について，面，辺，頂点の数をまとめます。表にあてはまる数を書きましょう。

〔1つ 5点〕

	面の数	辺の数	頂点の数
直方体	6		
立方体			

直方体と立方体⑤

同じ長さの辺

おぼえよう

　直方体の大きさは，たて，横，高さの3つの辺の長さで決まります。

　立方体の大きさは，1辺の長さで決まります。

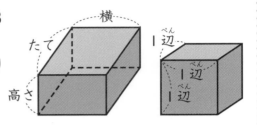

1 右の直方体を見て答えましょう。　〔1問 8点〕

① 6cm の辺はいくつありますか。

（　　　　　）

② 7cm の辺はいくつありますか。

（　　　　　）

③ 4cm の辺はいくつありますか。

（　　　　　）

④ 辺は全部でいくつありますか。

（　　　　　）

⑤ 同じ長さの辺がいくつずつ，何組ありますか。

（　　　　　）

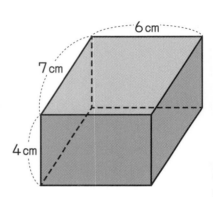

2 右の立方体を見て答えましょう。　　　　〔1問　8点〕

① 5cmの辺はいくつありますか。

（　　　　　）

② 同じ長さの辺はいくつありますか。

（　　　　　）

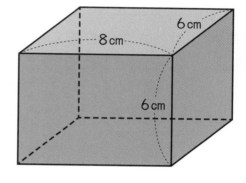

5cm
5cm
5cm

3 右の直方体を見て答えましょう。　　　　〔1問　8点〕

① 6cmの辺はいくつありますか。

（　　　　　）

② 8cmの辺はいくつありますか。

（　　　　　）

8cm
6cm
6cm

4 □にあてはまる数やことばを書きましょう。　　〔1問　7点〕

① 直方体は，たて，横，高さの　□　つの辺の長さで決まります。

② 立方体の大きさは，　□　つの辺の長さで決まります。

③ 立方体は，等しい辺が　□　あります。

④ 直方体の1つの頂点に集まっている辺をそれぞれ，たて，横，

□　といいます。

直方体と立方体⑥
同じ形の面

おぼえよう

直方体では，向かいあう面の形も大きさも同じです。

立方体では，すべての面が形も大きさも同じです。

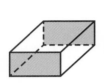

1　右の直方体を見て答えましょう。　〔1問　5点。③は1つ　5点〕

① 面の数はいくつですか。

（　　　　　）

② 面はどんな形ですか。

（　　　　　）

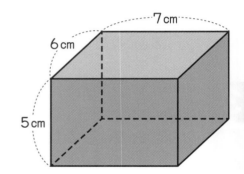

7cm
6cm
5cm

③ □にあてはまる数を書きましょう。
この直方体には，

・たて6cm，横7cmの長方形の面が □ つ

・たて5cm，横6cmの長方形の面が □ つ

・たて5cm，横 □ cmの長方形の面が □ つあります。

④ 形も大きさも同じ面は，いくつずつ，何組ありますか。

（　　　　つずつ，　　　　組）

右の立方体を見て答えましょう。 〔1問 7点。③は1つ 7点〕

① 面の数はいくつですか。

( )

② 面はどんな形ですか。

( )

8cm

8cm

8cm

③ □にあてはまる数を書きましょう。

この立方体には, 1辺が □cm の正方形の面が □ つあります。

④ 形も大きさも同じ面は, いくつありますか。

( )

3 右の直方体を見て答えましょう。 〔1つ 5点〕

① 面の数はいくつですか。 ( )

② 面はどんな形ですか。

( ) と ( )

4cm

4cm

9cm

③ □にあてはまる数を書きましょう。

・この直方体には,

1辺が □cm の正方形の面が □ つあります。

・この直方体には,

たて9cm, 横4cm の長方形の面が □ つあります。

おぼえよう

〔辺と辺の交わり方やならび方〕

・辺アイと垂直な辺は，
辺アエと辺アオと辺イウと辺イカ

・辺アイと平行な辺は，
辺エウと辺クキと辺オカ

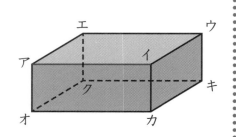

 右の直方体を見て答えましょう。　　　　　　　　〔1問　8点〕

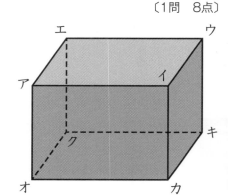

① 辺オカと垂直な辺を全部書きましょう。

（ 辺オア，　　　　　　　　　　　）

② 辺オカと平行な辺を全部書きましょう。

（　　　　　　　　　　　　　）

③ 辺エアと垂直な辺を全部書きましょう。

（　　　　　　　　　　　　　　　　）

④ 辺ウキと垂直な辺を全部書きましょう。

（　　　　　　　　　　　　　　　　）

⑤ 辺エクと平行な辺を全部書きましょう。

（　　　　　　　　　　　　　　　　）

2 右の立方体を見て答えましょう。 〔1問 9点〕

① 辺イウと垂直な辺を全部書きましょう。

（ 辺イア，　　　　　　　　 ）

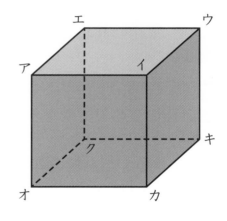

② 辺イウと平行な辺を全部書きましょう。

（　　　　　　　　　　　　 ）

③ 辺クキと垂直な辺を全部書きましょう。

（　　　　　　　　　　　　　　　　　　 ）

④ 辺エウと平行な辺を全部書きましょう。

（　　　　　　　　　　　　　　　　　　 ）

3 右の直方体を見て答えましょう。 〔1問 8点〕

① 頂点キを通って，辺クキに垂直な辺を全部書きましょう。

（　　　　　　　　　　　 ）

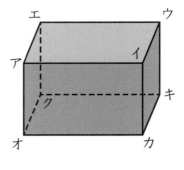

② 辺アオに平行な辺は，全部でいくつありますか。

（　　　　 ）

③ 直方体には，平行な辺がそれぞれいくつずつ，何組ありますか。

（　　　　　　　　　 ）

おぼえよう

〔面と面の交わり方やならび方〕

・面○と垂直な面は,
　面うと面えと面おと面か

・面○と平行な面は,
　面あ

直方体では, となりあう面が垂直, 向かいあう面が平行になっています。

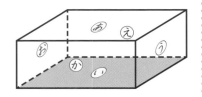

---

1 右の直方体を見て答えましょう。　　　　〔1問　7点〕

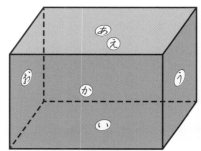

① 面えに垂直な面を全部書きましょう。

(面あ,　　　　　　　　　　)

② 面えに平行な面はどれですか。

(　　　　　)

③ 面おに垂直な面を全部書きましょう。

(　　　　　　　　　　　　　)

④ 面おに平行な面はどれですか。

(　　　　　)

⑤ 面あに垂直な面を全部書きましょう。

(　　　　　　　　　　　　　)

2 右の立方体を見て答えましょう。　　〔1問　5点。⑤は1つ　5点〕

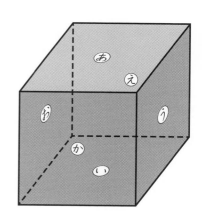

① 面うに垂直な面を全部書きましょう。

　　（　　　　　　　　　　　　）

② 面うに平行な面はどれですか。

　　　　　　（　　　　　　　）

③ 面かに垂直な面を全部書きましょう。

　　　　　　（　　　　　　　　　　　　　　）

④ 面かに平行な面はどれですか。

　　　　　　　　　　（　　　　　　　）

⑤ □にあてはまることばを書きましょう。

　　立方体では，直方体と同じように，となりあう面が　　　　　　，

　向かいあう面が　　　　　になっています。

3 □にあてはまる数を書きましょう。　　　　　〔1問　7点〕

① 直方体には，平行な2つの面が　　　組あります。

② 立方体には，平行な2つの面が　　　組あります。

③ 直方体では，ある面に垂直な面が　　　つあります。

④ 立方体では，ある面に垂直な面が　　　つあります。

⑤ 直方体や立方体では，ある面に平行な面が　　　つあります。

88 辺と面の垂直と平行

おぼえよう

〔面と辺の交わり方やならび方〕

・面㋐と垂直な辺は,
辺アオと辺イカと辺ウキと辺エク

・面㋐と平行な辺は,
辺オカと辺カキと辺キクと辺クオ

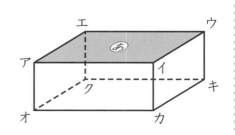

1 右の直方体を見て答えましょう。　〔1問　8点〕

① 面㋐に垂直な辺を全部書きましょう。

(辺アエ, 　　　　　　　　　　　)

② 面㋐に平行な辺を全部書きましょう。

(　　　　　　　　　　　)

③ 面㋑に垂直な辺を全部書きましょう。

(　　　　　　　　　　　)

④ 面㋑に平行な辺を全部書きましょう。

(　　　　　　　　　　　)

⑤ 面㋒に垂直な辺を全部書きましょう。

(　　　　　　　　　　　)

⑥ 面㋒に平行な辺を全部書きましょう。

(　　　　　　　　　　　)

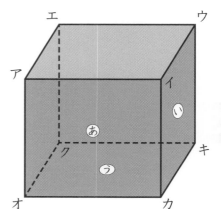

2 右の立方体を見て答えましょう。 〔1問 8点〕

① 面㋐に垂直な辺を全部書きましょう。

( )

② 面㋐に平行な辺を全部書きましょう。

( )

③ 面㋒に垂直な辺を全部書きましょう。

( )

④ 面㋒に平行な辺を全部書きましょう。

( )

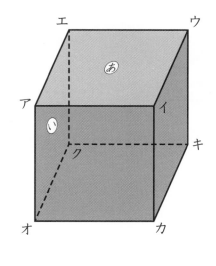

3 右の直方体を見て答えましょう。 〔1問 5点〕

① 辺アイに垂直な面を全部書きましょう。

( )

② 辺アイに平行な面を全部書きましょう。

( )

③ 辺ウキに垂直な面を全部書きましょう。

( )

④ 辺ウキに平行な面を全部書きましょう。

( )

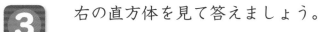

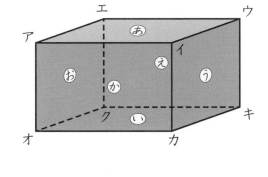

✏おぼえよう

　右の上の図のように，直方体や立方体などの全体の形がわかるようにかいた図を**見取図**といいます。

　右の下の図のように，箱の辺を切り開いて，1まいの紙のようにかいた図を**てん開図**といいます。

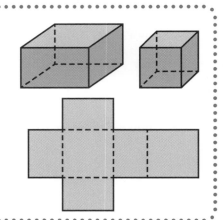

1 　下の図で，直方体の正しいてん開図はどれとどれですか。〔1つ　20点〕

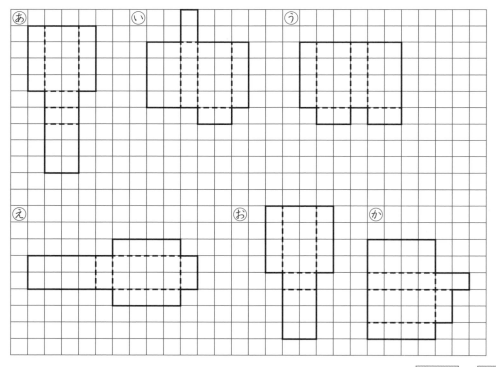

2

下の図で，立方体の正しいてん開図はどれですか。2つえらびましょう。

〔1つ　20点〕

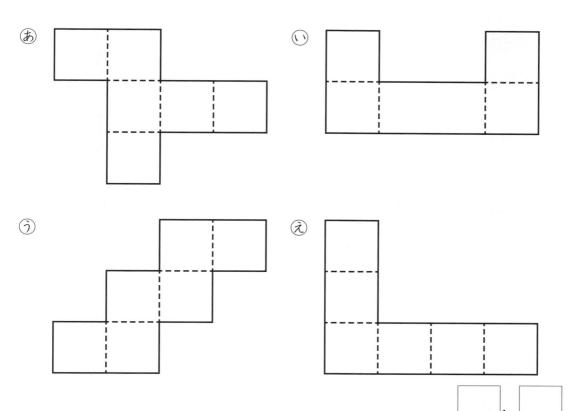

ⓐ　ⓘ

ⓤ　ⓔ

⬜ , ⬜

右のてん開図を組み立てると，ⓐ〜ⓔのどれができますか。　〔20点〕

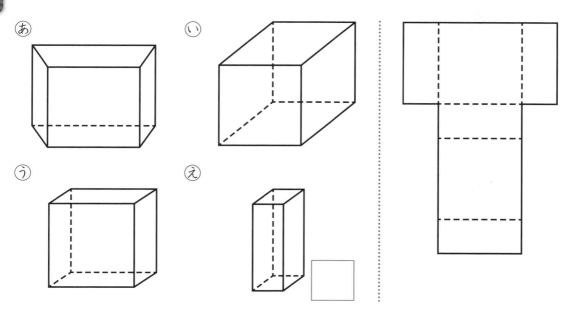

ⓐ　ⓘ

ⓤ　ⓔ　⬜

とく点

点

答え➡別冊21ページ

🐾ポイント

右の図は，下の直方体の
てん開図です。

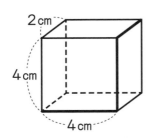

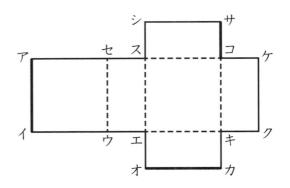

辺アイは4cm，辺オカは4cm，辺サコは2cmです。

1 右の図は，下の直方体のてん開図です。それぞれの辺の長さを書きましょう。

〔1問　6点〕

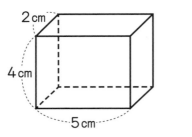

① 辺アセ　　（　5cm　）

② 辺ウエ　　（　　　）

③ 辺スシ　　（　　　）　④ 辺コケ　　（　　　）

2 右の図は，下の立方体のてん開図です。それぞれの辺の長さを書きましょう。

〔1問　6点〕

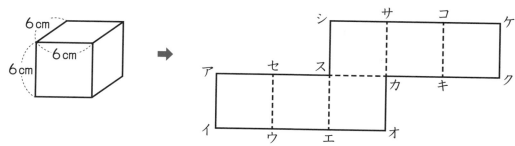

① 辺シス　　　（　　　　　）　② 辺ケク　　　（　　　　　）

③ 辺ウエ　　　（　　　　　）　④ 辺カク　　　（　　　　　）

⑤ 辺シケ　　　（　　　　　）　⑥ 辺イオ　　　（　　　　　）

3 右の図は，下の直方体のてん開図です。それぞれの辺の長さを書きましょう。

〔1問　10点〕

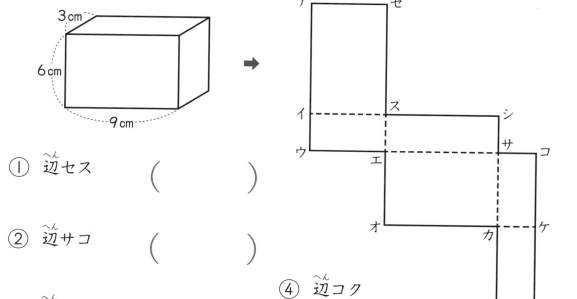

① 辺セス　　　（　　　　　）

② 辺サコ　　　（　　　　　）

③ 辺アウ　　　（　　　　　）

④ 辺コク　　　（　　　　　）

れい

下のてん開図を組み立てて立方体をつくります。

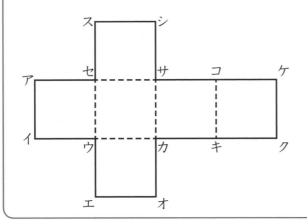

点イと重なる点を答えましょう。

（**点エ，点ク**）

辺カオと重なる辺を答えましょう。

（　**辺カキ**　）

---

1 右のてん開図を組み立てて立方体をつくります。次の点や辺を答えましょう。

〔1問　8点〕

① 点ウと重なる点

（　　　　　　　　　）

② 点サと重なる点

（　　　　　　　　　）

③ 辺カキと重なる辺

（　　　　　　　　　）

④ 辺ケクと重なる辺

（　　　　　　　　　）

2 右のてん開図を組み立てて直方体をつくります。次の点や辺を答えましょう。

〔1問　8点〕

① 点ウと重なる点

（　　　　　　　　　）

② 点カと重なる点

（　　　　　　　　　）

③ 辺アセと重なる辺

（　　　　　　　　　）

④ 辺ケクと重なる辺

（　　　　　　　　　）

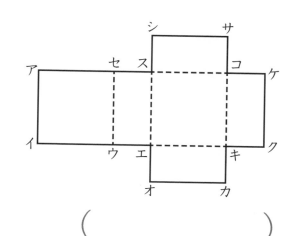

3 右のてん開図を組み立てて立方体をつくります。次の点や辺を答えましょう。

〔1問　9点〕

① 点オと重なる点

（　　　　　　　　　）

② 点スと重なる点

（　　　　　　　　　）

③ 辺アイと重なる辺

（　　　　　　　　　）

④ 辺コケと重なる辺

（　　　　　　　　　）

ポイント

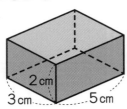

2 cm
3 cm　5 cm

辺にそって切り開いた図をかくよ。

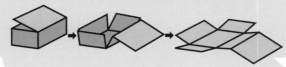

1 cm
1 cm

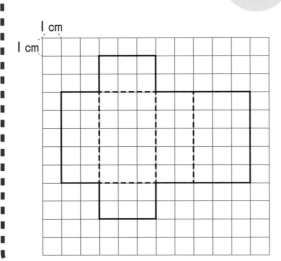

・てん開図は，箱の辺を切り開いて，
1まいの紙になるようにかいた図
だから，辺の切り開き方によって，
いろいろなてん開図をかくことが
できます。

1 　上の〈ポイント〉の直方体で，上のてん開図とはべつのてん開図をか
きましょう。

〔25点〕

1 cm
1 cm

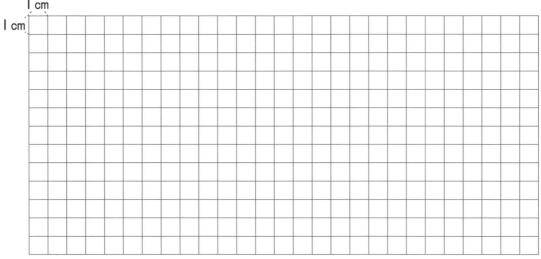

2 1辺が2cmの立方体のてん開図を，3しゅるいかきましょう。

〔1つ　25点〕

I cm

I cm

おぼえよう

〔ある面に目をつけた見取図のかき方〕

長方形か正方形をかく。　　　見えている辺をかく。　　　見えない辺は点線でかく。

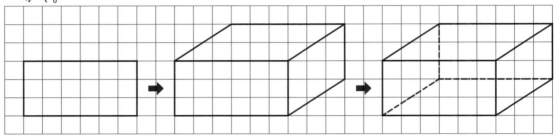

〔頂点と辺に目をつけた見取図のかき方〕

１つの頂点から３つの辺をかく。　　　見えている辺をかく。　　　見えない辺は点線でかく。

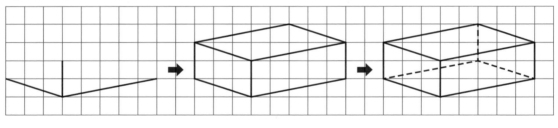

 下の直方体の見取図をかんせいさせましょう。　　〔25点〕

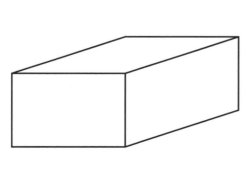

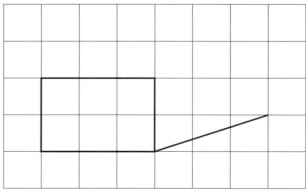

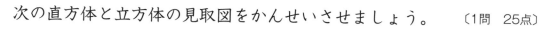

2

次の直方体と立方体の見取図をかんせいさせましょう。 〔1問 25点〕

①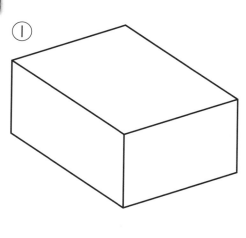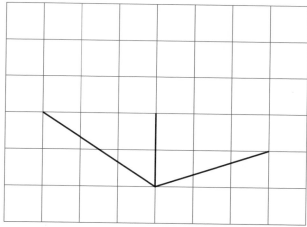

②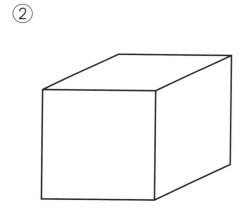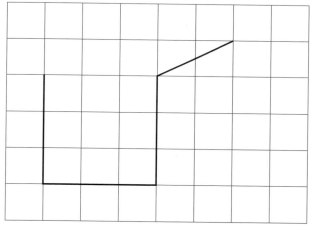

③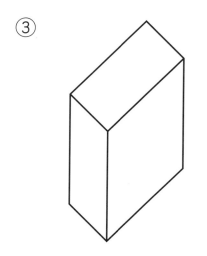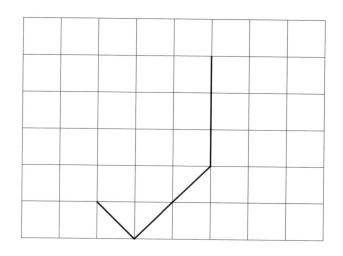

1 □にあてはまることばを書きましょう。 〔1問 4点〕

① 長方形だけや, 長方形と正方形でかこまれた箱の形を

□ といいます。

② 正方形だけでかこまれた箱の形を □ といいます。

③ 直方体や立方体の面のように, 平らな面のことを □ といいます。

④ 直方体の大きさは, 1つの頂点に集まっている3つの辺のたて, 横,

□ の長さで表します。

⑤ 立方体の大きさは, □ の長さで表します。

⑥ 箱の辺を切り開いて, 1まいの紙のようにかいた図を

□ といいます。

⑦ 直方体や立方体などの全体の形がわかるようにかいた図を

□ といいます。

2 直方体と立方体について, □にあてはまる数を書きましょう。

〔1問 8点〕

① 辺の数は, どちらも □ です。

② 頂点の数は, どちらも □ つです。

③ 面の数は, どちらも □ つです。

3 右の直方体を見て答えましょう。 〔1問　6点〕

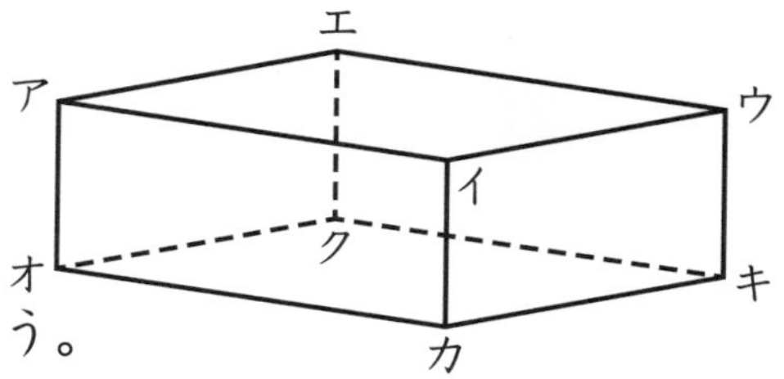

① 辺アオと垂直な辺を全部書きましょう。

（　　　　　　　　）

② 辺アオと平行な辺を全部書きましょう。

（　　　　　　　　）

③ 辺カキと垂直な辺を全部書きましょう。

（　　　　　　　　）

④ 辺カキと平行な辺を全部書きましょう。

（　　　　　　　　）

4 右の立方体を見て答えましょう。 〔1問　6点〕

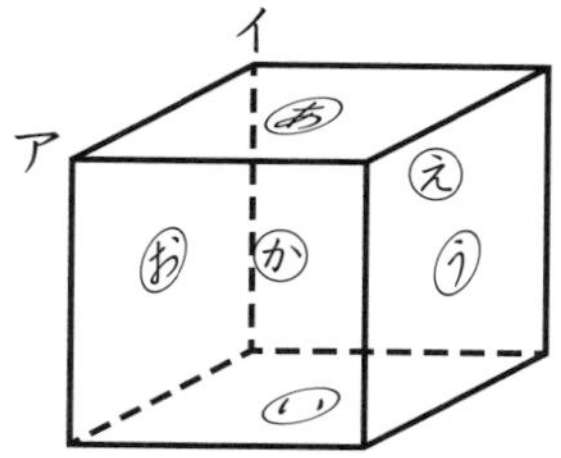

① 面(い)に垂直な面を全部書きましょう。

（　　　　　　　　）

② 面(い)に平行な面はどれですか。

（　　　　）

③ 辺アイに垂直な面を全部書きましょう。

（　　　　　　　　）

④ 辺アイに平行な面を全部書きましょう。

（　　　　　　　　）

95 4年のまとめ①

とく点　　点

答え➡別冊24ページ

1 3.964について，□にあてはまる数を書きましょう。〔1問　7点〕

① 4は，□の位の数字です。

② 6は，□が6こあることを表しています。

③ 3と□をあわせた数です。

④ 0.001を□こあつめた数です。

2 次の面積を，〔　〕の中の単位でもとめましょう。〔1問　6点〕

① たて14cm，横15cmの長方形〔cm^2〕

式

答え（　　　）

② 1辺が25mの正方形〔m^2〕

式

答え（　　　）

③ たて300m，横800mの長方形〔ha〕

式

答え（　　　）

3 次の角度をはかりましょう。　　　　　　　　　　〔1問　7点〕

① 　　　　　　　　　　　　　②

（　　　　　　）　　　　　　　（　　　　　　）

4 □にあてはまることばを書きましょう。　　　　〔1問　7点〕

① 台形には1組の　　　　　　な辺があります。

② 平行四辺形の向かいあう角の大きさは，　　　　　　なっています。

③ ひし形は，　　　　　　が交わった点で，それぞれが2等分されています。

④ 正方形は，2本の対角線が　　　　　　に交わります。

5 右の立方体を見て答えましょう。　　　　　　　　〔1問　6点〕

① あの面と垂直な面はいくつありますか。

（　　　　　　）

② あの面と平行な面はいくつありますか。

（　　　　　　）

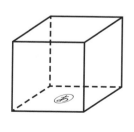

1

□にあてはまる数を書きましょう。　　　　〔1問　2点〕

① 0.71 m = ____ cm

② 42 cm = ____ m

③ 2.8 m = ____ cm

④ 3.69 m = ____ cm

⑤ 504 cm = ____ m

⑥ 253 cm = ____ m

⑦ 2 m 60 cm = ____ m

⑧ 0.4 m = ____ mm

⑨ 0.05 m = ____ mm

⑩ 600 mm = ____ m

⑪ 7 mm = ____ m

⑫ 3.9 m = ____ mm

⑬ 2.04 m = ____ mm

⑭ 4300 mm = ____ m

⑮ 3260 mm = ____ m

⑯ 0.8 km = ____ m

⑰ 0.007 km = ____ m

⑱ 40 m = ____ km

⑲ 567 m = ____ km

⑳ 3.01 km = ____ m

2 □にあてはまる数を書きましょう。　　　　　　〔1問　5点〕

① 0.3L = ☐ mL

② 0.05L = ☐ mL

③ 0.009L = ☐ mL

④ 200mL = ☐ L

⑤ 70mL = ☐ L

⑥ 4mL = ☐ L

⑦ 2.9L = ☐ L ☐ mL

⑧ 3L600mL = ☐ L

3 □にあてはまる数を書きましょう。　　　　　　〔1問　2点〕

① 0.6kg = ☐ g

② 0.05kg = ☐ g

③ 0.002kg = ☐ g

④ 0.528kg = ☐ g

⑤ 700g = ☐ kg

⑥ 80g = ☐ kg

⑦ 9g = ☐ kg

⑧ 715g = ☐ kg

⑨ 8.3kg = ☐ kg ☐ g

⑩ 5kg600g = ☐ kg

基礎力をつけるには くもんの小学ドリル が 強いみかた!!

スモールステップで、らくらく力がついていく!!

算数

計算シリーズ（全13巻）
① 1年生たしざん
② 1年生ひきざん
③ 2年生たし算
④ 2年生ひき算
⑤ 2年生かけ算（九九）
⑥ 3年生たし算・ひき算
⑦ 3年生かけ算
⑧ 3年生わり算
⑨ 4年生わり算
⑩ 4年生分数・小数
⑪ 5年生分数
⑫ 5年生小数
⑬ 6年生分数

数・量・図形シリーズ（学年別全6巻）

文章題シリーズ（学年別全6巻）

プログラミング
① 1・2年生　② 3・4年生　③ 5・6年生

学力チェックテスト

算数（学年別全6巻）

国語（学年別全6巻）

英語（5年生・6年生 全2巻）

国語

1年生ひらがな

1年生カタカナ

漢字シリーズ（学年別全6巻）

言葉と文のきまりシリーズ（学年別全6巻）

文章の読解シリーズ（学年別全6巻）

書き方（書写）シリーズ（全4巻）
① 1年生ひらがな・カタカナのかきかた
② 1年生かん字のかきかた
③ 2年生かん字の書き方
④ 3年生漢字の書き方

英語

3・4年生はじめてのアルファベット
ローマ字学習つき

3・4年生はじめてのあいさつと会話

5年生英語の文

6年生英語の文

くもんの算数集中学習　小学4年生 単位と図形にぐーんと強くなる

2020年 2月　第1版第1刷発行
2024年 7月　第1版第11刷発行

●発行人　志村直人
●発行所　株式会社くもん出版
　〒141-8488
　東京都品川区東五反田2-10-2
　東五反田スクエア11F
　電話　編集直通　03（6836）0317
　　　　営業直通　03（6836）0305
　　　　代表　　　03（6836）0301

●印刷・製本　　TOPPAN株式会社
●カバーデザイン　辻中浩一+小池万友美（ウフ）
●カバーイラスト　亀山鶴子

●本文イラスト　住井陽子・中川貴雄
●本文デザイン　坂田良子
●編集協力　　　出井秀幸

© 2020 KUMON PUBLISHING CO.,Ltd Printed in Japan
ISBN 978-4-7743-3050-1

くもん出版ホームページアドレス　https://www.kumonshuppan.com/

※本書は『単位と図形集中学習 小学4年生』を改題したもので、内容は同じです。

小学 **4** 年生
単位と図形にぐーーんと強くなる

別冊
解答

・答え合わせは、1つずつていねいに見ていきましょう。

・まちがえた問題は、どこでまちがえたのかをたしかめて、
できるようにしましょう。

1 ① $\frac{1}{100}$
② 2
③ 0.001
④ 6, 1, 5, 2
⑤ 6152

2 ① ㋐ 1.91　　㋑ 1.98
　　㋒ 2.05　　㋓ 2.09
② ㋔ 0.805　㋕ 0.831
　　㋖ 0.896　㋗ 0.902

3 ① 413こ　　② 500こ
③ 78こ　　④ 90こ

1 ① 50　　　② 20
③ 80　　　④ 60
⑤ 30　　　⑥ 90

2 ① 2　　　② 5
③ 6　　　④ 3
⑤ 9　　　⑥ 7

3 ① 15　　　② 29
③ 31　　　④ 58
⑤ 46　　　⑥ 82
⑦ 77　　　⑧ 94
⑨ 18　　　⑩ 39
⑪ 53　　　⑫ 65
⑬ 21　　　⑭ 47
⑮ 96　　　⑯ 62
⑰ 85　　　⑱ 73
⑲ 91　　　⑳ 54

!ポイント
1 1mを10等分した1こ分が0.1mです。
つまり，100cmを10等分した1こ分と等しいの
で，0.1m＝10cmです。
2 1mを100等分した1こ分が0.01mです。
つまり，100cmを100等分した1こ分と等しい
ので，0.01m＝1cmです。

1 ① 0.4　　　② 0.7
③ 0.2　　　④ 0.6
⑤ 0.9　　　⑥ 0.3

2 ① 0.05　　② 0.08
③ 0.02　　④ 0.09
⑤ 0.04　　⑥ 0.06

3 ① 0.19　　② 0.28
③ 0.45　　④ 0.67
⑤ 0.56　　⑥ 0.92
⑦ 0.11　　⑧ 0.38
⑨ 0.75　　⑩ 0.26
⑪ 0.82　　⑫ 0.57
⑬ 0.34　　⑭ 0.93
⑮ 0.66　　⑯ 0.49
⑰ 0.24　　⑱ 0.89
⑲ 0.48　　⑳ 0.73

1 ① 170　　② 107
③ 640　　④ 590
⑤ 401　　⑥ 206

2 ① 165　　② 348
③ 592　　④ 473
⑤ 814　　⑥ 686

3 ① 1.9　　　② 1.09
③ 5.1　　　④ 5.01
⑤ 2.8　　　⑥ 4.3
⑦ 7.01　　⑧ 3.08

4 ① 1.62　　② 6.44
③ 4.81　　④ 7.18
⑤ 8.27　　⑥ 9.93
⑦ 2.39　　⑧ 5.76

5

小数と単位⑤
小数と c(センチ)④

1
① 1, 60
② 2, 10
③ 2, 15
④ 3, 65
⑤ 6, 20
⑥ 6, 2
⑦ 9, 62
⑧ 6, 96

2
① 1.9
② 1.09
③ 5.1
④ 4.82
⑤ 6.01
⑥ 5.07

3
① 1.62
② 6.44
③ 1.4
④ 1.43
⑤ 5, 10
⑥ 8.15

小数と単位⑥
小数と m(ミリ)①

1
① 300
② 30
③ 600
④ 500
⑤ 90
⑥ 20

2
① 2
② 5
③ 8
④ 6
⑤ 3
⑥ 9

3
① 200
② 20
③ 800
④ 500
⑤ 60
⑥ 90
⑦ 400
⑧ 70

4
① 5
② 2
③ 8
④ 9
⑤ 4
⑥ 7
⑦ 3
⑧ 6

！ポイント
1 0.1m ＝ 10cm ＝ 100mm
0.01m ＝ 1cm ＝ 10mm
3 0.1L ＝ 1dL ＝ 100mL

7

小数と単位⑦
小数と m(ミリ)②

1
① 0.3
② 0.03
③ 0.4
④ 0.9
⑤ 0.07
⑥ 0.02

2
① 0.002
② 0.008
③ 0.005
④ 0.004
⑤ 0.006
⑥ 0.009

3
① 0.5
② 0.05
③ 0.3
④ 0.7
⑤ 0.09
⑥ 0.06
⑦ 0.4
⑧ 0.08

4
① 0.005
② 0.003
③ 0.002
④ 0.007
⑤ 0.009
⑥ 0.006
⑦ 0.004
⑧ 0.008

！ポイント
1 100mm ＝ 10cm ＝ 0.1m
10mm ＝ 1cm ＝ 0.01m
3 100mL ＝ 1dL ＝ 0.1L

小数と単位⑧
小数と m(ミリ)③

1
① 1800
② 1080
③ 2500
④ 4100
⑤ 3070
⑥ 6020

2
① 1850
② 3640
③ 5270
④ 2910
⑤ 4320
⑥ 7130

3
① 1.2
② 1.02
③ 2.6
④ 3.1
⑤ 5.09
⑥ 3.02
⑦ 6.8
⑧ 4.06

4
① 1.45
② 5.18
③ 4.93
④ 7.36
⑤ 9.61
⑥ 6.87

⑦ 2.548　　　　⑧ 8.73

❗ポイント
1m＝100cm＝1000mm

9　小数と単位⑨　小数とm(ミリ)④　P20・21

1
① 1, 300
② 2, 700
③ 5, 600
④ 5, 630
⑤ 6, 930
⑥ 3, 800
⑦ 9, 570
⑧ 9, 578

2
① 1.5　　② 1.8
③ 2.3　　④ 4.2
⑤ 7.6　　⑥ 6.9

3
① 1.98　　② 2.85
③ 5.73　　④ 8.26
⑤ 5.378　　⑥ 6.78

10　小数と単位⑩　小数とk(キロ)①　P22・23

1
① 200　　② 20
③ 600　　④ 300
⑤ 80　　⑥ 50

2
① 6　　② 3
③ 297　　④ 514
⑤ 8　　⑥ 836

3
① 500　　② 800
③ 20　　④ 60
⑤ 200　　⑥ 400
⑦ 30　　⑧ 90

4
① 5　　② 8
③ 172　　④ 628
⑤ 4　　⑥ 7
⑦ 361　　⑧ 493

❗ポイント
1km＝1000m, 1kg＝1000g から考えます。

11　小数と単位⑪　小数とk(キロ)②　P24・25

1
① 0.6　　② 0.03
③ 0.3　　④ 0.7
⑤ 0.05　　⑥ 0.08

2
① 0.002　　② 0.009
③ 0.238　　④ 0.413
⑤ 0.006　　⑥ 0.796

3
① 0.4　　② 0.04
③ 0.5　　④ 0.8
⑤ 0.07　　⑥ 0.02
⑦ 0.6　　⑧ 0.09

4
① 0.007　　② 0.003
③ 0.241　　④ 0.618
⑤ 0.004　　⑥ 0.008
⑦ 0.532　　⑧ 0.879

12　小数と単位⑫　小数とk(キロ)③　P26・27

1
① 1200　　② 1020
③ 2500　　④ 4800
⑤ 2040　　⑥ 3070

2
① 1740　　② 4610
③ 5960　　④ 3530
⑤ 8320　　⑥ 2870

3
① 1.7　　② 1.07
③ 2.6　　④ 3.2
⑤ 3.05　　⑥ 5.02
⑦ 4.8　　⑧ 4.07

4
① 1.93　　② 2.41
③ 4.25　　④ 6.78
⑤ 9.84　　⑥ 7.92
⑦ 5.36　　⑧ 8.19

13 小数と単位⑬
小数とk(キロ)④ P28・29

1
① 1, 800
② 2, 500
③ 4, 100
④ 6, 900
⑤ 3, 200
⑥ 5, 700
⑦ 7, 300
⑧ 9, 400

2
① 1.9
② 3.1
③ 6.8
④ 7.2
⑤ 5.3
⑥ 2.4
⑦ 4.7
⑧ 6.5
⑨ 8.6
⑩ 9.9

14 小数と単位⑭
まとめ P30・31

1
① 70　　② 4
③ 0.8　　④ 0.07
⑤ 305　　⑥ 6.4
⑦ 8, 30　　⑧ 7
⑨ 0.03　　⑩ 4390
⑪ 6.09　　⑫ 30
⑬ 421　　⑭ 0.9
⑮ 0.004　　⑯ 1600
⑰ 5.82　　⑱ 8, 400

2
① 600　　② 20
③ 8　　④ 0.9
⑤ 0.04　　⑥ 0.001
⑦ 1, 800　　⑧ 2.5

3
① 300　　② 40
③ 9　　④ 286
⑤ 0.2　　⑥ 0.04
⑦ 0.005　　⑧ 0.364
⑨ 7, 100　　⑩ 3.8

15 広さ①
広さ調べ P32

1
① あ 27こ　　い 32こ
　 う 30こ　　え 28こ
②　い

16 広さ②
cm² P33

1
あ 3 cm²　　い 7 cm²
う 4 cm²　　え 6 cm²

2
か 1 cm²　　き 2 cm²
く 2 cm²　　け 4 cm²

17 広さ③
長方形の面積 P34

1
① 3, 4, 12
　 12
② 5, 6, 30
　 30
③ 9, 11, [11, 9,] 99, 99
④ 15, 12, [12, 15,] 180, 180
※③と④は,「横×たて」で式を立ててもか
　まいません。長方形の面積は「たて×横」
　でも「横×たて」のどちらでもとめても
　よいですが, この本の答えでは「たて×
　横」をきほんとしてのせています。

18 広さ④
正方形の面積 P35

1
① 3, 3, 9
　 9
② 5, 5, 25
　 25
③ 8, 8, 64
　 64
④ 20, 20, 400
　 400

19 広さ⑤
たて(横)の長さをもとめる P36・37

1 ① 5
5
② 4
7
7
③ 54, 9
6
6

2 ① 8
8
② 9
8
8
③ 40, 4
10
10
④ 96, 8
12
12

💡ポイント
もとめるたての長さ(横の長さ)を□として，公式を使って考えます。□は，わり算を使ってもとめられます。

20 広さ⑥
まわりの長さをもとめる P38・39

1 ① 7, 10, 14
24
24
② 6, 4, 12, 8
20
20
③ 4, 28
28

2 ① 6
20, 12
32
32

② 9, 5
18, 16, 10
44
44

💡ポイント
1 長方形は，たてと横がそれぞれ2つずつあると考えます。正方形は，4つの辺が等しくなっています。
2 辺を動かして考えます。①は，たて10cm，横6cmが2つずつあるとみることができます。
② 4cmの辺を右に動かすと，たて9cm，横8cmの長方形のまわりの長さと，5cmの2つ分をたせばよいとわかります。

21 広さ⑦
いろいろな形と面積① P40・41

1 ① 3
12, 6
18, 18
② 5
24, 12
36, 36
③ 5, 8
20, 40
60, 60

2 ① $8×3+2×3$
$=24+6$
$=30$

答え 30cm²

(べつなもとめ方)
$(8-2)×3+2×(3+3)$
$=6×3+2×6$
$=18+12$
$=30$

② $4×2+4×7$
$=8+28$
$=36$

答え 36cm²

(べつなもとめ方)
$4×(7-2)+(4+4)×2$
$=4×5+8×2$
$=20+16$

$= 36$

③ $5 \times 6 + 3 \times 5$

$= 30 + 15$

$= 45$

答え $45\,cm^2$

（べつなもとめ方）

$5 \times (6-5) + (5+3) \times 5$

$= 5 \times 1 + 8 \times 5$

$= 5 + 40$

$= 45$

④ $5 \times 10 + 4 \times 7$

$= 50 + 28$

$= 78$

答え $78\,cm^2$

（べつなもとめ方）

$(5+4) \times 7 + 5 \times (10-7)$

$= 9 \times 7 + 5 \times 3$

$= 63 + 15$

$= 78$

> **！ポイント**
> ② それぞれの形にたてか横の直線をひいて，2つの長方形に分けてもとめます。

22 広さ⑧ いろいろな形と面積② P42・43

1 ① 2
42, 8
34, 34
② 5
60, 20
40, 40
③ 8, 4
56, 16
40, 40

2 ① $8 \times 9 - 6 \times 3$

$= 72 - 18$

$= 54$

答え $54\,cm^2$

② $9 \times 10 - 2 \times 7$

$= 90 - 14$

$= 76$

答え $76\,cm^2$

③ $7 \times 8 - 2 \times 6$

$= 56 - 12$

$= 44$

答え $44\,cm^2$

④ $9 \times 9 - 6 \times 5$

$= 81 - 30$

$= 51$

答え $51\,cm^2$

23 広さ⑨ いろいろな形と面積③ P44・45

1 ① 2, 8
16
16
② 2, 10
40
40
③ 3, 10
60
60

2 ① $3 \times (10+5)$

$= 3 \times 15$

$= 45$

答え $45\,cm^2$

② $(2+7) \times 4$

$= 9 \times 4$

$= 36$

答え $36\,cm^2$

③ $4 \times (8+3)$

$= 4 \times 11$

$= 44$

答え $44\,cm^2$

④ $(4+10) \times 6$

$= 14 \times 6$

$= 84$

答え $84\,cm^2$

> **！ポイント**
> それぞれ次のように形をうつして，1つの長方形と考えます。
> **1** ①

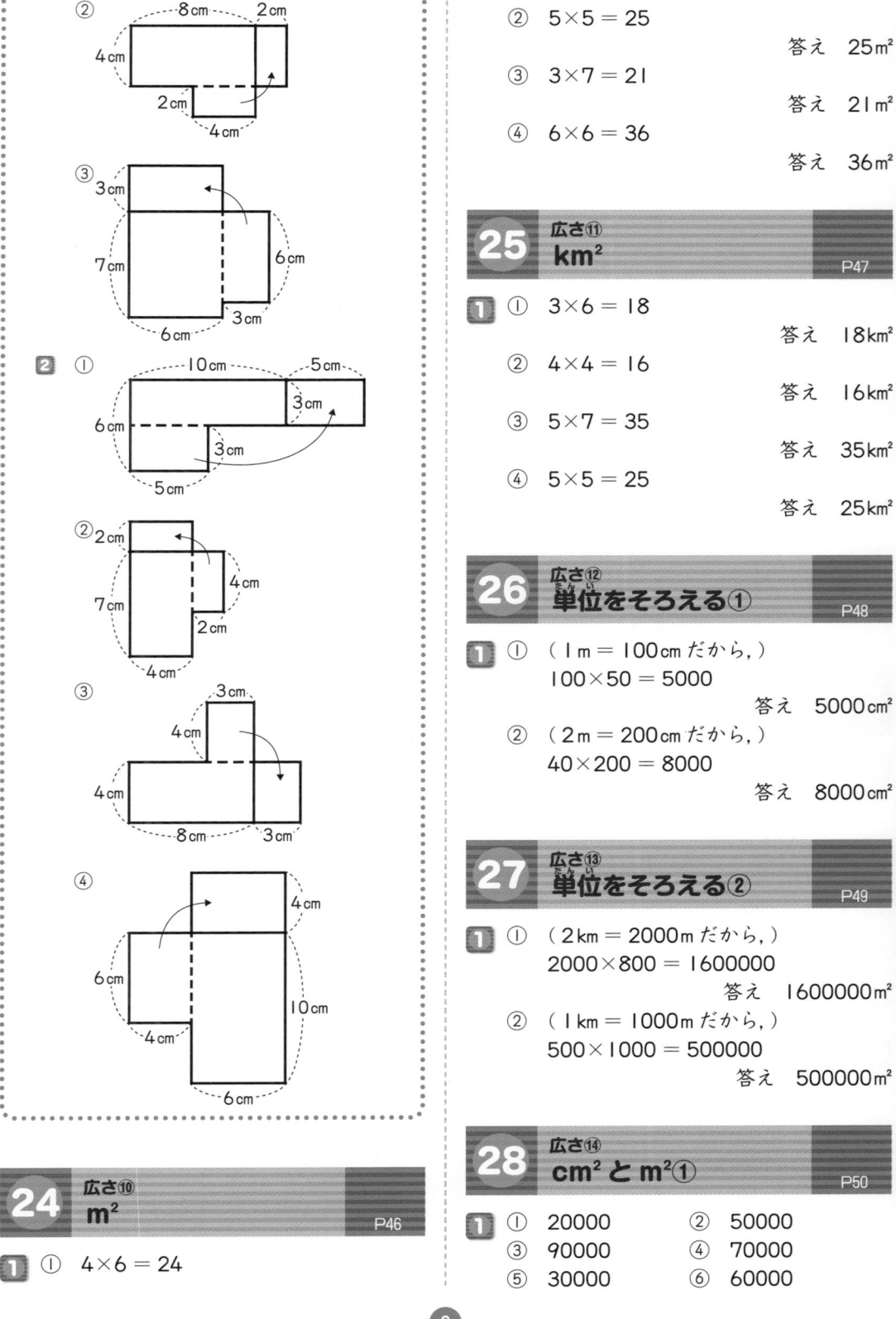

② 8cm 2cm 4cm 2cm 4cm

③ 3cm 7cm 6cm 6cm 3cm

2 ① 10cm 5cm 3cm 6cm 3cm 5cm

② 2cm 7cm 4cm 2cm 4cm

③ 3cm 4cm 4cm 8cm 3cm

④ 4cm 6cm 4cm 10cm 6cm

---

② $5 \times 5 = 25$

答え 24㎡

答え 25㎡

③ $3 \times 7 = 21$

答え 21㎡

④ $6 \times 6 = 36$

答え 36㎡

25 広さ⑪ **km²** P47

1 ① $3 \times 6 = 18$

答え 18km²

② $4 \times 4 = 16$

答え 16km²

③ $5 \times 7 = 35$

答え 35km²

④ $5 \times 5 = 25$

答え 25km²

26 広さ⑫ **単位をそろえる①** P48

1 ① （1m = 100cm だから,）
$100 \times 50 = 5000$

答え 5000cm²

② （2m = 200cm だから,）
$40 \times 200 = 8000$

答え 8000cm²

27 広さ⑬ **単位をそろえる②** P49

1 ① （2km = 2000m だから,）
$2000 \times 800 = 1600000$

答え 1600000m²

② （1km = 1000m だから,）
$500 \times 1000 = 500000$

答え 500000m²

24 広さ⑩ **m²** P46

1 ① $4 \times 6 = 24$

28 広さ⑭ **cm² と m²①** P50

1 ① 20000 ② 50000
③ 90000 ④ 70000
⑤ 30000 ⑥ 60000

⑦ 80000　　　⑧ 40000

2 ① 100000　　　② 120000
③ 150000　　　④ 200000

29 広さ⑮ cm² と m²② `P51`

1 ① 3　　　② 7
③ 2　　　④ 9
⑤ 6　　　⑥ I
⑦ 5　　　⑧ 8

2 ① 10
② 13
③ 16
④ 19

30 広さ⑯ m² と km²① `P52`

1 ① 3000000
② 8000000
③ 5000000
④ 4000000
⑤ 2000000
⑥ 7000000
⑦ 9000000
⑧ 6000000
⑨ 1000000
⑩ 10000000

31 広さ⑰ m² と km²② `P53`

1 ① 2
② 9
③ 4
④ 6
⑤ 3
⑥ I
⑦ 5
⑧ 7
⑨ 10
⑩ 8

32 広さ⑱ 面積の単位をかえる① `P54·55`

1 ① (1) 4×2 = 8
　　　　　　答え　8 m²
　　(2) 80000 cm²
② (1) 3×4 = 12
　　　　　　答え　12 m²
　　(2) 120000 cm²

2 ① (1) (200 cm = 2 m だから,)
　　　　2×3 = 6
　　　　　　答え　6 m²
　　(2) 60000 cm²
② (1) (4 m = 400 cm だから,)
　　　　400×150 = 60000
　　　　　　答え　60000 cm²
　　(2) 6 m²
③ (1) (5 m = 500 cm だから,)
　　　　500×240 = 120000
　　　　　　答え　120000 cm²
　　(2) 12 m²

> **！ポイント**
> **2** 単位をそろえてから計算します。

33 広さ⑲ 面積の単位をかえる② `P56·57`

1 ① (1) 4×2 = 8
　　　　　　答え　8 km²
　　(2) 8000000 m²
② (1) 3×5 = 15
　　　　　　答え　15 km²
　　(2) 15000000 m²

2 ① (1) (2000 m = 2 km だから,)
　　　　2×3 = 6
　　　　　　答え　6 km²
　　(2) 6000000 m²
② (1) (4 km = 4000 m だから,)
　　　　4000×3500 = 14000000
　　　　　　答え　14000000 m²
　　(2) 14 km²
③ (1) (6 km = 6000 m だから,)

$$6000 \times 2500 = 15000000$$

答え　15000000㎡

(2)　15km²

!ポイント
2　単位をそろえてから計算します。

!ポイント
1 ha = 10000㎡
　　 = 100㎡×100
　　 = 1a×100
　　 = 100a

34　広さ⑳　a
P58

1 ① 400　　② 700
　③ 200　　④ 500
　⑤ 900　　⑥ 300
　⑦ 600　　⑧ 800

2 ① 3　　② 5
　③ 8　　④ 6
　⑤ 4　　⑥ 7

35　広さ㉑　ha
P59

1 ① 20000　　② 70000
　③ 60000　　④ 40000
　⑤ 90000　　⑥ 80000
　⑦ 30000　　⑧ 50000

2 ① 4　　② 7
　③ 3　　④ 5
　⑤ 9　　⑥ 6

36　広さ㉒　a と ha
P60

1 ① 500　　② 300
　③ 800　　④ 400
　⑤ 600　　⑥ 200
　⑦ 700　　⑧ 900

2 ① 1　　② 5
　③ 6　　④ 3
　⑤ 9　　⑥ 7

37　広さ㉓　ha と km²
P61

1 ① 400　　② 600
　③ 200　　④ 900
　⑤ 700　　⑥ 300
　⑦ 500　　⑧ 800

2 ① 5　　② 3
　③ 7　　④ 9
　⑤ 1　　⑥ 6

!ポイント
1 km² = 1000000㎡
　　　 = 10000㎡×100
　　　 = 1ha×100
　　　 = 100ha

38　広さ㉔　面積の単位をかえる③
P62·63

1 ① (1)　$40 \times 20 = 800$

　　　　　　　　答え　800㎡

　　 (2)　8a
　② (1)　$50 \times 50 = 2500$

　　　　　　　　答え　2500㎡

　　 (2)　25a

2 ① (1)　$2 \times 5 = 10$

　　　　　　　　答え　10a

　　 (2)　1000㎡
　② (1)　$4 \times 4 = 16$

　　　　　　　　答え　16a

　　 (2)　1600㎡
　③ (1)　$5 \times 4 = 20$

　　　　　　　　答え　20a

　　 (2)　2000㎡

② a の単位では、1辺が10mの正方形がいくつあるかを考えて計算します。

39 広さ㉕ 面積の単位をかえる④ P64・65

1 ① (1) $500 \times 300 = 150000$
　　　　　答え　150000㎡
　　(2) 15ha
　② (1) $400 \times 400 = 160000$
　　　　　答え　160000㎡
　　(2) 16ha

2 ① (1) $4 \times 3 = 12$
　　　　　答え　12ha
　　(2) 120000㎡
　② (1) $3 \times 3 = 9$
　　　　　答え　9ha
　　(2) 90000㎡
　③ (1) $5 \times 4 = 20$
　　　　　答え　20ha
　　(2) 200000㎡

② ha の単位では、1辺が100mの正方形がいくつあるかを考えて計算します。

40 広さ㉖ まとめ P66・67

1 ① cm²
　② m²
　③ a
　④ ha
　⑤ km²
　⑥ たて，横（横，たてでもよい。）
　⑦ 1辺，1辺

2 ① 10000　　② 1000000
　③ 100　　④ 10000

3 ① $20 \times 25 = 500$
　　　　　答え　500cm²
　② $16 \times 16 = 256$
　　　　　答え　256㎡

③ （1m = 100cm だから,）
　　$100 \times 40 = 4000$
　　　　　答え　4000cm²
④ $8 \times 7 = 56$
　　　　　答え　56a
（べつなもとめ方）
　　$80 \times 70 = 5600$
　　$5600㎡ = 56a$

4 $6 \times 9 - 3 \times 5 = 54 - 15$
　　　　$= 39$
　　　　　答え　39cm²

41 三角形と角① 角度のはかり方① P68

1 ① 70°　　② 45°
　③ 60°　　④ 35°

分度器のどの目もりを読めばよいのかを考えよう。

42 三角形と角② 角度のはかり方② P69

1 ① 110°　　② 125°
　③ 140°　　④ 105°

分度器の向きを考えてはかろう。

43 三角形と角③ 直角と角度① P70

1 ① 90　　② 180
　③ 360
　④ 2
　⑤ 4

2 ① 半回転
　② 1回転

44 三角形と角④ 直角と角度② P71

1
① 90　　② 180
③ 270　　④ 360
⑤ 2
⑥ 4

2 半回転，1回転

45 三角形と角⑤ 角度のもとめ方① P72

1
① 40　　　② 30
　220　　　　210
　220　　　　210
③ 55　　　④ 75
　235　　　　255
　235　　　　255

> **！ポイント**
> それぞれ180°より大きい角度だけをはかっ
> て，計算でもとめます。

46 三角形と角⑥ 角度のもとめ方② P73

1
① 30　　　② 50
　330　　　　310
　330　　　　310
③ 35　　　④ 75
　325　　　　285
　325　　　　285

> **！ポイント**
> それぞれあでないところの角度をはかって，
> 計算でもとめます。

47 三角形と角⑦ 向かいあった角 P74・75

1
① 110°
② 110°
③ 70，110，110
④ 70，110，110
⑤ いえる

2
① 135°
② 45°
③ 135°
④ 45，135
　135
⑤ 135，45
　45
⑥ 45，135
　135
⑦ ⒤(の角)
⑧ ⑦(の角)
⑨ いえる

48 三角形と角⑧ 角のかき方① P76・77

（れい）

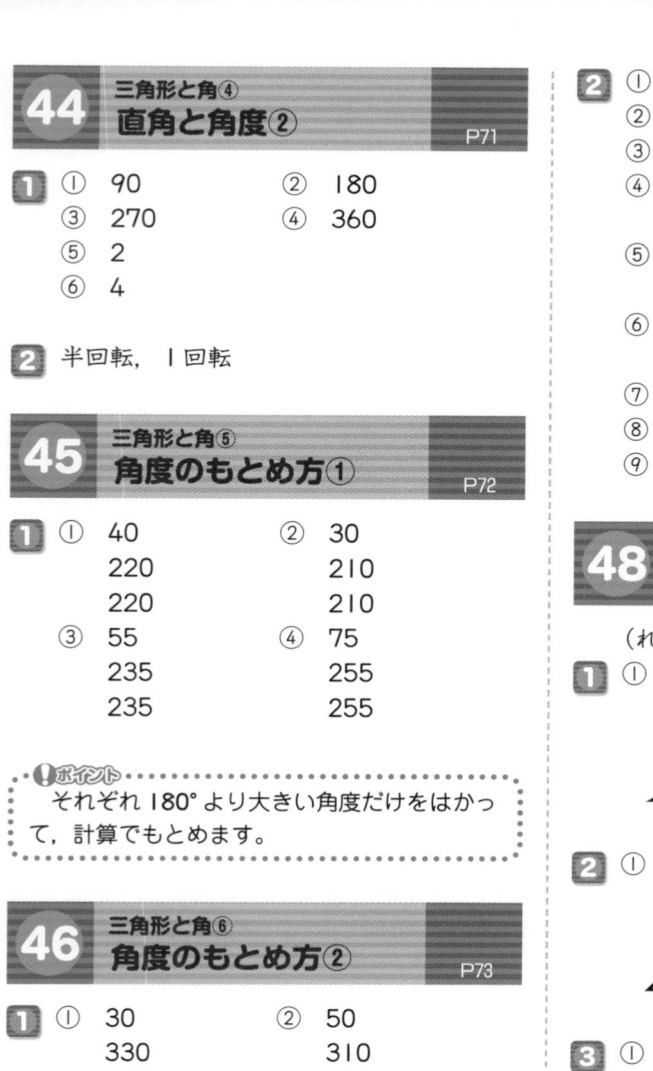

1
① 30°　　② 80°

2
① 45°　　② 75°

3
① 120°　　② 160°
③ 115°　　④ 145°

49 三角形と角⑨ 角のかき方② P78・79

（れい）

1 ①
230°

②
260°

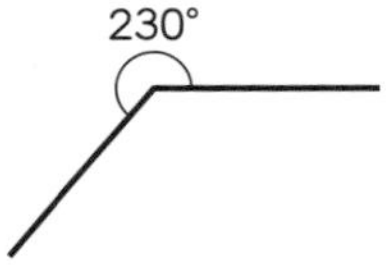

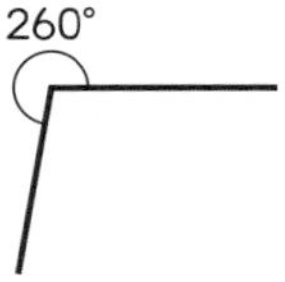

③
195°

④
245°

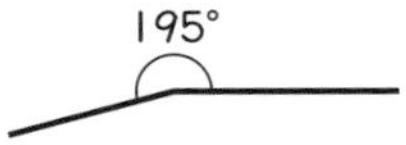

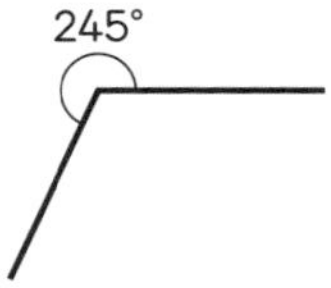

2 ①
300°

②
350°

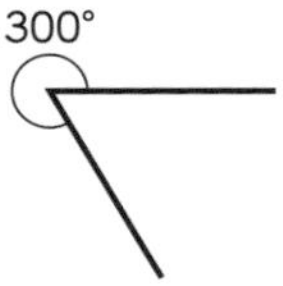

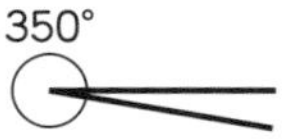

③
315°

④
345°

50 三角形と角⑩ 角のかき方③ P80・81

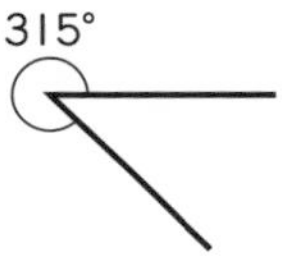

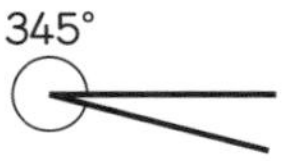

1
50°
60°
6 cm

2 ①
30°
80°
7 cm

②
70°
70°
5 cm

③
110°
45°
3 cm

51 三角形と角⑪ 三角じょうぎ① P82

1
① 45°
② 90°
③ 45°
④ ㋒（の角）
⑤ 2つ分

52 三角形と角⑫ 三角じょうぎ② P83

1
① 30°
② 90°
③ 60°
④ 3つ分
⑤ 2つ分

53 三角形と角⑬ 三角じょうぎ③ P84

1
① ㋐ 135°
㋑ 120°
② ㋒ 120°
㋓ 135°

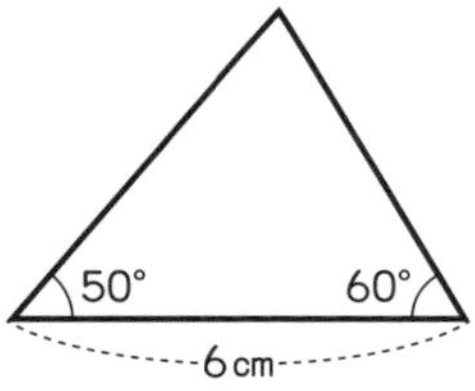

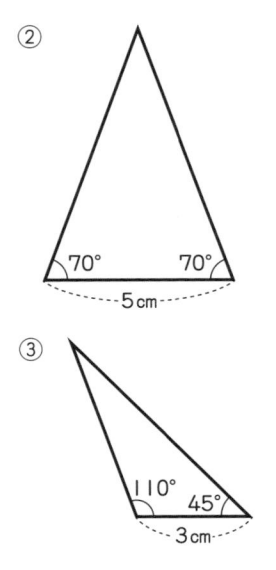

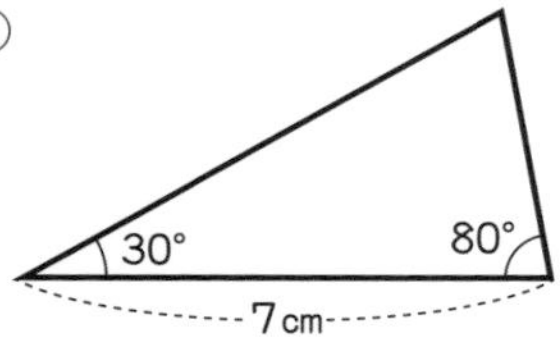

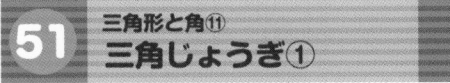

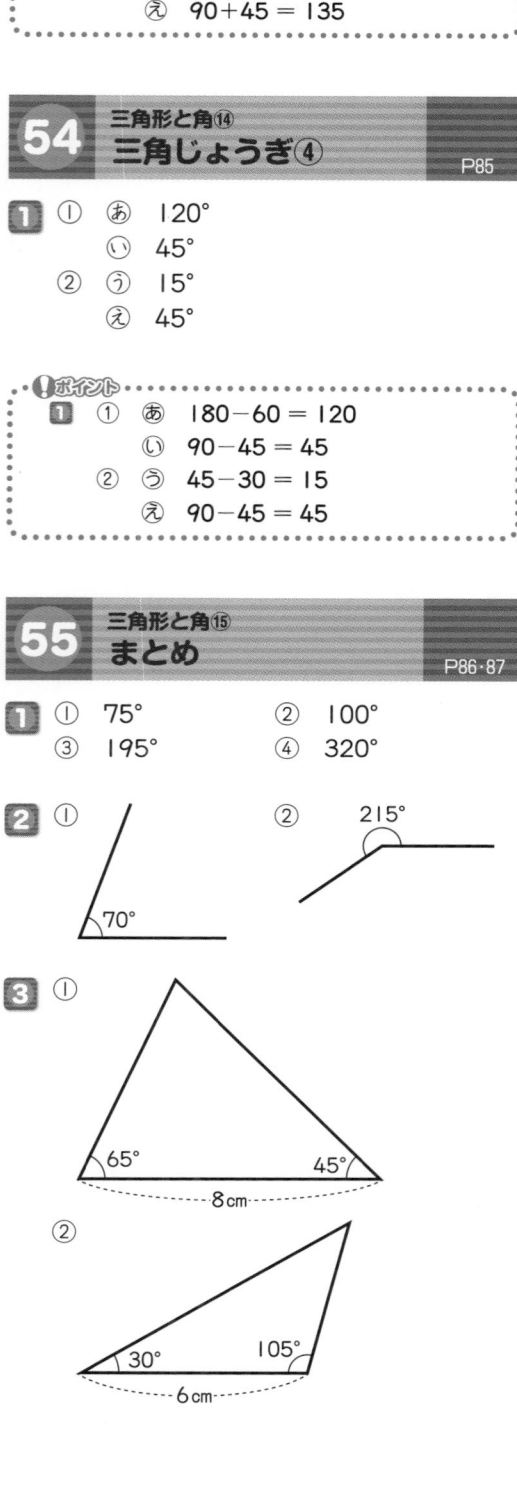

ポイント

1 ① あ 180−45 = 135
　　い 90+30 = 120
　② う 180−60 = 120
　　え 90+45 = 135

4 ① あ 105°　　② い 15°

ポイント

4 ① あ 60+45=105
　② い 45−30=15

54 三角形と角⑭ 三角じょうぎ④　P85

1 ① あ 120°
　　い 45°
　② う 15°
　　え 45°

ポイント

1 ① あ 180−60 = 120
　　い 90−45 = 45
　② う 45−30 = 15
　　え 90−45 = 45

56 垂直と平行① 垂直　P88

1 い, え

2 たとぬ, ととな

57 垂直と平行② 平行　P89

1 あとう, いとお

2 いとう, えとか

55 三角形と角⑮ まとめ　P86・87

1 ① 75°　　② 100°
　③ 195°　　④ 320°

2 ①

② 215°
70°

3 ①

65°　　45°
8cm

②

30°　　105°
6cm

58 垂直と平行③ 平行な直線と角度①　P90・91

1 ⑦と⑦, ⑦と⑤

2 ⑦と⑦, ⑦と⑤

3 ⑦と⑦, ⑦と⑤

4 ① ⑦と⑦
　② ⑦と⑦

5 ① ⑦と⑦
　② ⑦と⑦

59 垂直と平行④ 平行な直線と角度②　P92・93

1 ① 80°
　② 100°

2 ① 45°
　② 135°

3 ① 120°
　② 60°

4 ① ⑦と①

② ①と⑦

5 ① ⑦と⑦

② ⑦と⑦

<table>
<tr><td>**60**</td><td>垂直と平行⑤
平行な直線と角度③</td><td>P94・95</td></tr>
</table>

1 ① 115°

② 115, 65

65

2 ① 45°

② 45, 135

135

3 ① 80°

② 80°

③ 100°

4 ① 110°

② 70°

③ 110°

④ 70°

⑤ 110°

⑥ 110°

⑦ 70°

！ポイント

3 ① 180−100 = 80

② ①は⑦と等しいので 80° です。

③ ⑦は 100° の角と等しくなります。

4 どの角とどの角が角度が等しくなるのか
を考えます。

<table>
<tr><td>**61**</td><td>垂直と平行⑥
平行な直線のはば</td><td>P96・97</td></tr>
</table>

1 ウ

2 ① 3 cm

② 3 cm

③ 3 cm

3 ① 辺エウ

② 6 cm

③ 辺イウ

④ 4 cm

4 ① 辺アエ

② 5 cm

③ 辺アイ

④ 5 cm

<table>
<tr><td>**62**</td><td>垂直と平行⑦
垂直な直線のひき方</td><td>P98・99</td></tr>
</table>

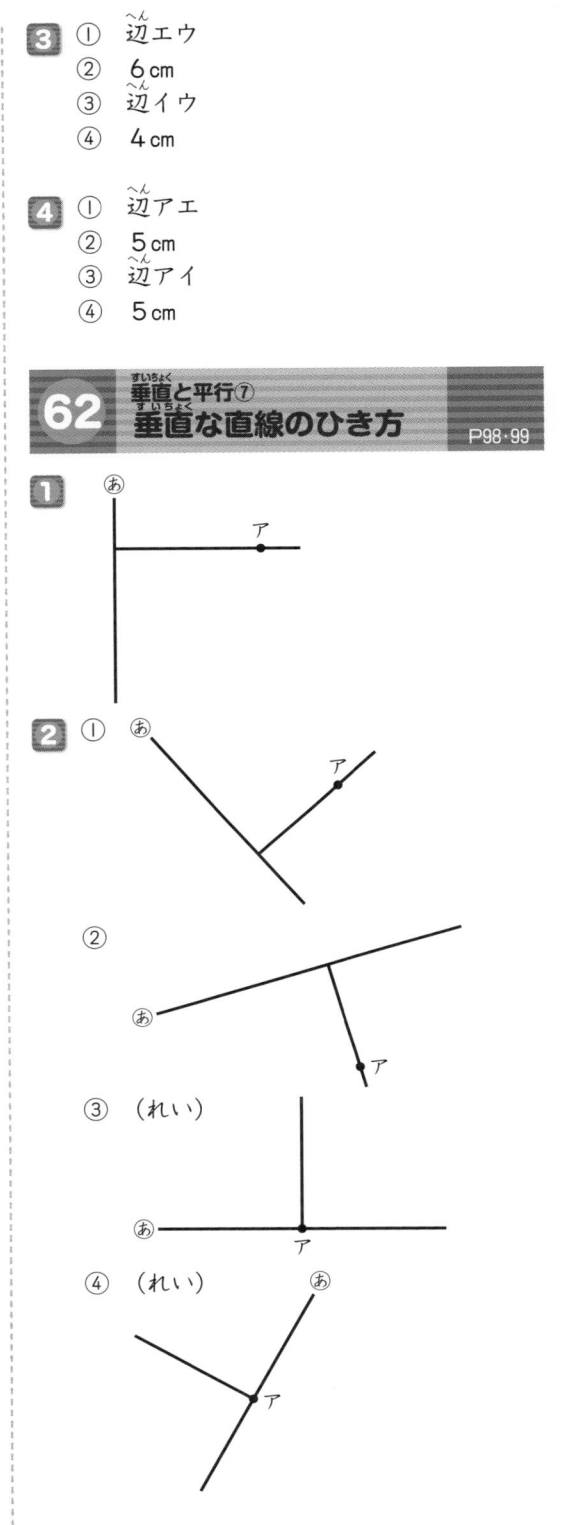

1 あ ア

2 ① あ ア

② あ ア

③ （れい）

あ ア

④ （れい）

あ ア

63 垂直と平行⑧ 平行な直線のひき方
P100·101

1

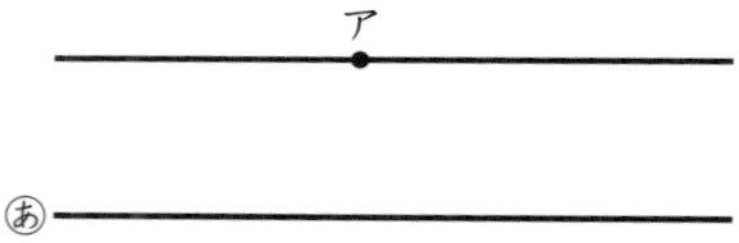

2 ①

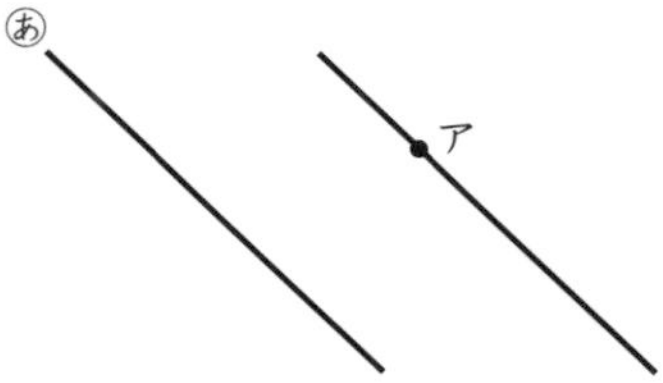

②

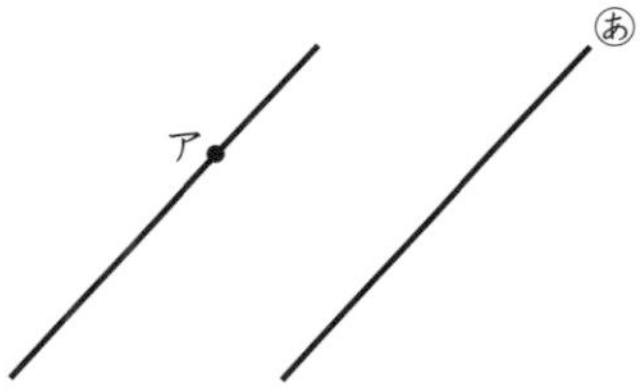

3

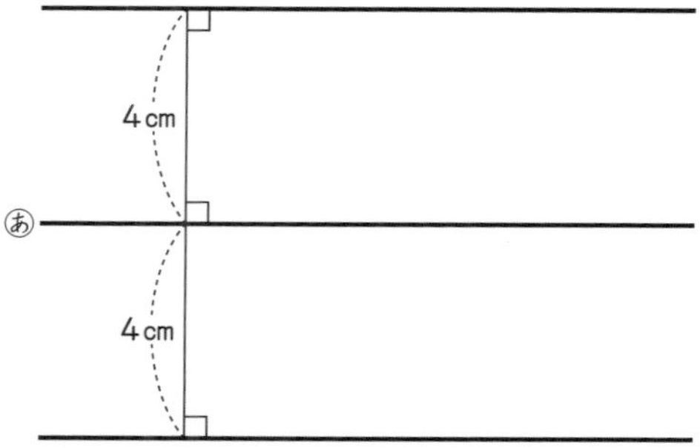

4cm
4cm

---

64 垂直と平行⑨ まとめ
P102·103

1
① 垂直
② 平行
③ 平行
④ 平行
⑤ 平行

2 ⑦, ⑦, ⑦

3 ⑦, ⑤, ⑦

4 ⑦と⑦

5
① 70°
② ⑦と⑦

---

③ 2cm

6 ① 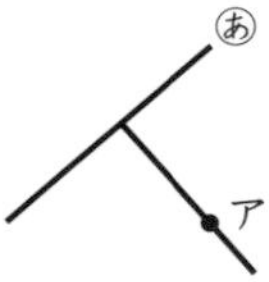
②

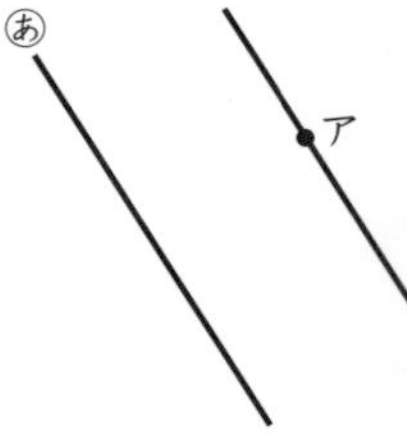

65 四角形① 台形①
P104

1 ⑦, ⑦, ⑦, ⑦

---

66 四角形② 台形②
P105

1 (れい)

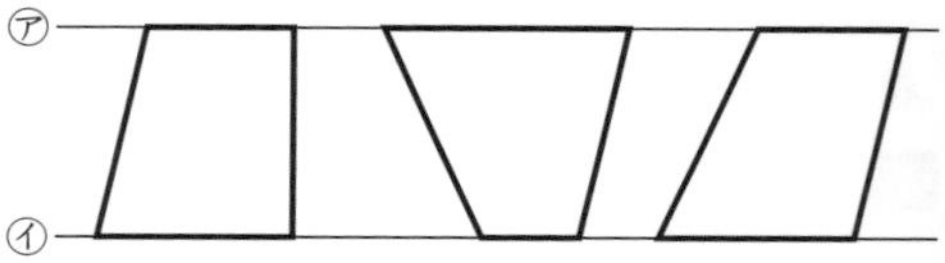

2 ① 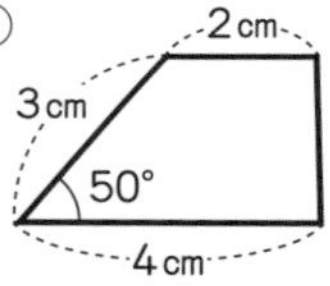
②

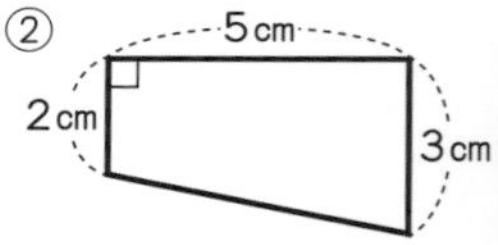

---

67 四角形③ 平行四辺形①
P106·107

1 ⑦, ⑦, ⑦, ⑦

2 ⑦, ⑦, ⑦, ⑦

---

68 四角形④ 平行四辺形②
P108

1
① 辺エウ
② 辺イウ
③ 6cm
④ 8cm

2
① 辺アイ
② 3cm

③　4 cm

69　四角形⑤　平行四辺形③　P109

1
① 角ウ
② 角エ
③ 110°
④ 70°

2
① 115°
② 65°
③ 180°

!ポイント
2 ③　115＋65＝180　平行四辺形では
となりあう角の角度の和は180°になります。

70　四角形⑥　平行四辺形④　P110·111

1

5 cm
100°
7 cm

2
①
6 cm
50°
4 cm

②
4 cm
115°
6 cm

!ポイント
1 分度器と1組の三角じょうぎを使って,
平行四辺形をかきます。
2 50°や115°をはさむ2辺をかくまでは
1と同じですが,その後は,コンパスを使って
平行四辺形をかきます。

71　四角形⑦　ひし形①　P112·113

1　ウ, エ, カ, キ

2　ア, エ, ク, コ

72　四角形⑧　ひし形②　P114

1
① 辺エウ
② 辺イウ

2
① 辺アイ
② 3 cm
③ 辺アエ
④ 3 cm

73　四角形⑨　ひし形③　P115

1
① 角ウ
② 角エ

2
① 60°
② 120°
③ 180°

!ポイント
2 ③　60＋120＝180

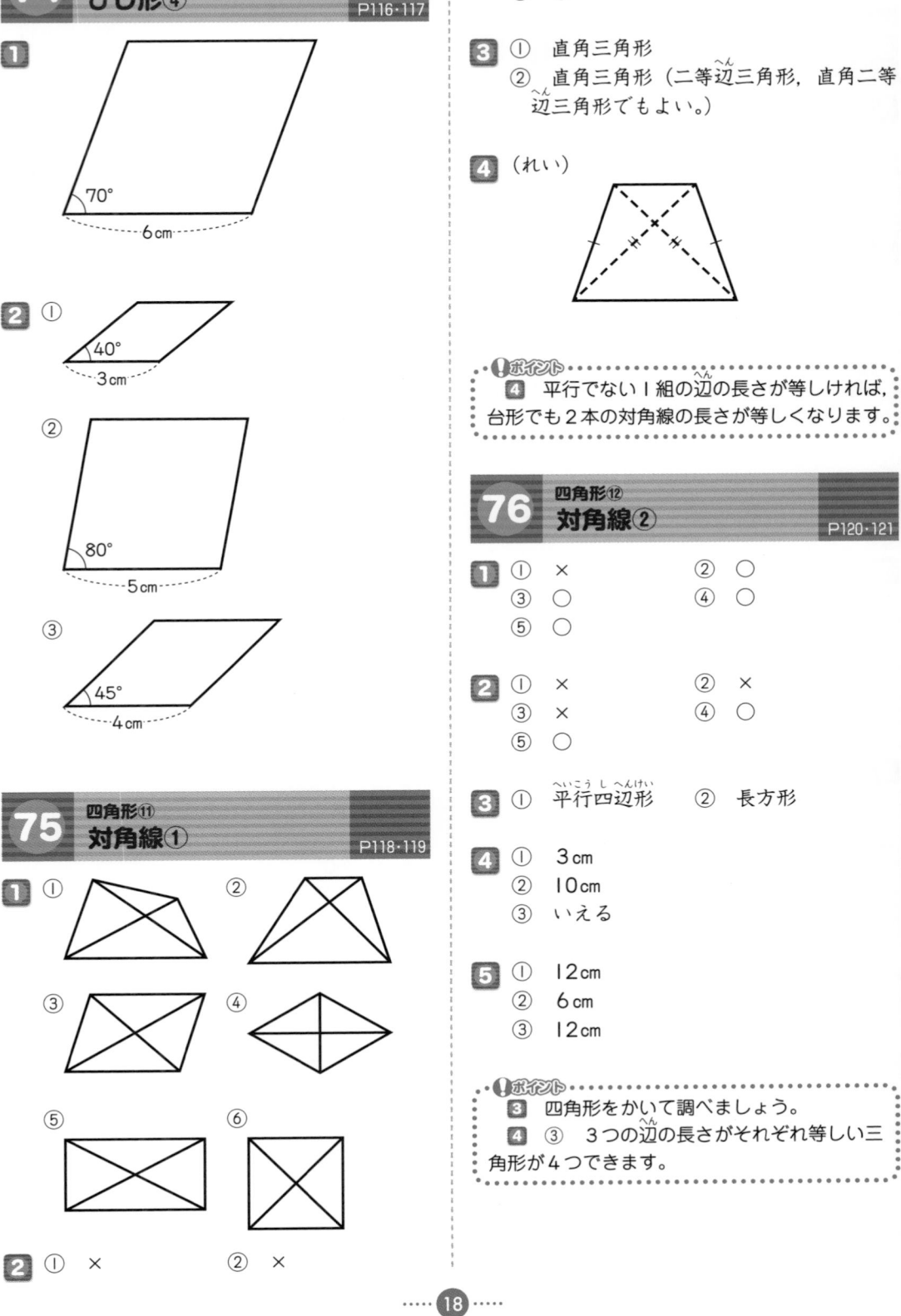

1 ① ×　　　② ×
③ ○　　　④ ×
⑤ ○

2 ① 正方形　　　② ひし形

3 ① 　　　　② (れい)

4 ① 二等辺三角形
② 直角三角形
③ 直角三角形 (二等辺三角形, 直角二等辺三角形でもよい。)

1 ① ⑦
② ⑦, ⑨, ⑦, ⑦
③ ⑦, ⑨, ⑦, ⑦
④ ⑦, ⑦　　　⑤ ⑦, ⑦
⑥ ①
⑦ ⑦, ⑨, ⑦, ⑦

2 ① ⑦ 平行四辺形　① 台形
　　⑨ 長方形　　　① ひし形
　　⑦ 正方形
② ①, ⑦　　　③ ⑨, ⑦
④ ⑨, ⑦
⑤ ⑦, ⑨, ①, ⑦

3 三角形…二等辺三角形
四角形…平行四辺形

⚠️ポイント
3 下のように, 二等辺三角形と平行四辺形ができます。

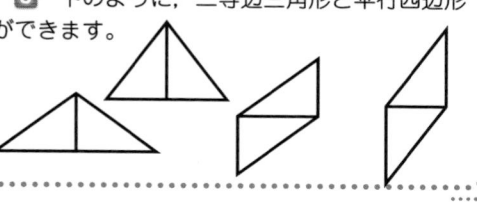

1 ① 平行
　　台形
② 平行
　　平行四辺形
③ 等しい(同じでもよい。)
　　ひし形

2 ① 4 cm
② 6 cm
③ 70°
④ 110°
⑤ 70°

3 ① 5 cm
② 5 cm
③ 3 cm
④ 8 cm
⑤ 90°

4 (れい)

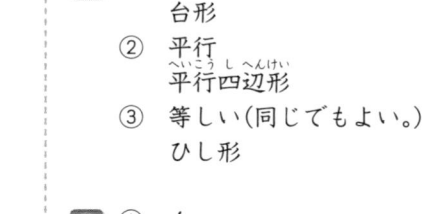

	面の数	辺の数	頂点の数
直方体	6	12	8
立方体	6	12	8

80 直方体と立方体① 直方体
P128

1
① え
② う

81 直方体と立方体② 立方体
P129

1
① い
② う

82 直方体と立方体③ 平面
P130・131

1 あ, え, お, き

2 あ, う, お, か, け, さ

83 直方体と立方体④ 面, 辺, 頂点の数
P132・133

1
① 6つ
② 12
③ 8つ
④ 3つ
⑤ 3つ

2
① 6つ
② 12
③ 8つ
④ 3つ
⑤ 3つ

84 直方体と立方体⑤ 同じ長さの辺
P134・135

1
① 4つ
② 4つ
③ 4つ
④ 12
⑤ 4つずつ, 3組

2
① 12
② 12

3
① 8つ
② 4つ

4
① 3
② 1
③ 12
④ 高さ

85 直方体と立方体⑥ 同じ形の面
P136・137

1
① 6つ
② 長方形
③ 2
　2
　7, 2
④ 2つずつ, 3組

2
① 6つ
② 正方形
③ 8, 6
④ 6つ

3
① 6つ
② 正方形, 長方形(長方形, 正方形でもよい。)
③ 4, 2
　4

86 辺と辺の垂直と平行
P138·139

1
① 辺オア，辺オク，辺カイ，辺カキ
② 辺アイ，辺エウ，辺クキ
③ 辺エウ，辺エク，辺アイ，辺アオ
④ 辺ウエ，辺ウイ，辺キク，辺キカ
⑤ 辺アオ，辺イカ，辺ウキ

2
① 辺イア，辺イカ，辺ウエ，辺ウキ
② 辺アエ，辺オク，辺カキ
③ 辺クエ，辺クオ，辺キウ，辺キカ
④ 辺アイ，辺オカ，辺クキ

3
① 辺キウ，辺キカ
② 3つ
③ 4つずつ，3組

!ポイント
3 ② 辺イカ，辺ウキ，辺エクの3つです。
③ 平行な辺は，次の4つずつ，3組です。
辺アエ，辺オク，辺カキ，辺イウと，辺アイ，
辺オカ，辺クキ，辺エウと，辺アオ，辺イカ，
辺ウキ，辺エクです。

87 面と面の垂直と平行
P140·141

1
① 面あ，面い，面う，面お
② 面か
③ 面あ，面い，面え，面か
④ 面う
⑤ 面う，面え，面お，面か

2
① 面あ，面い，面え，面か
② 面お
③ 面あ，面い，面う，面お
④ 面え
⑤ 垂直，平行

3
① 3
② 3
③ 4
④ 4
⑤ 1

88 辺と面の垂直と平行
P142·143

1
① 辺アエ，辺イウ，辺カキ，辺オク
② 辺エウ，辺ウキ，辺キク，辺クエ
③ 辺イア，辺カオ，辺キク，辺ウエ
④ 辺アオ，辺オク，辺クエ，辺エア
⑤ 辺オア，辺カイ，辺キウ，辺クエ
⑥ 辺アイ，辺イウ，辺ウエ，辺エア

2
① 辺アオ，辺イカ，辺ウキ，辺エク
② 辺オカ，辺カキ，辺キク，辺クオ
③ 辺アイ，辺オカ，辺クキ，辺エウ
④ 辺イカ，辺カキ，辺キウ，辺ウイ

3
① 面う，面お
② 面い，面え
③ 面あ，面い
④ 面お，面か

!ポイント
1，2 直方体や立方体では，ある面に垂直
な辺や平行な辺は，それぞれ4つずつあります。
3 直方体や立方体では，ある辺に垂直な面
や平行な面は，それぞれ2つずつあります。

89 てん開図①
P144·145

1 い，え

2 あ，う

3 う

!ポイント
てん開図を頭の中で組み立てられるようにな
るとよいでしょう。なれるまでは，じっさいに
てん開図をかいて，組み立ててみましょう。面
と面のつながり方に目をつけます。

90 てん開図②
P146·147

1 ① 5cm

② 2 cm
③ 4 cm ④ 4 cm

2 ① 6 cm ② 6 cm
③ 6 cm ④ 12 cm
⑤ 18 cm ⑥ 18 cm

3 ① 9 cm
② 3 cm
③ 12 cm ④ 15 cm

・**ポイント**
2 ④ 6×2 = 12(cm)
⑤ 6×3 = 18(cm)
⑥ 6×3 = 18(cm)
3 ③ 9+3 = 12(cm)
④ 6+9 = 15(cm)

91 直方体と立方体⑫
てん開図③
P148・149

1 ① 点ア, 点キ
② 点ケ
③ 辺エウ
④ 辺サシ

2 ① 点オ
② 点イ, 点ク
③ 辺サシ
④ 辺アイ

3 ① 点ア
② 点キ, 点ケ
③ 辺オエ
④ 辺シス

・**ポイント**
てん開図を組み立てると, それぞれ次のよう
になります。
1
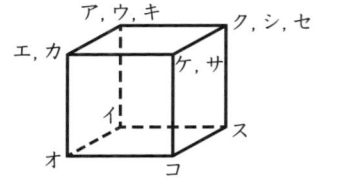

2
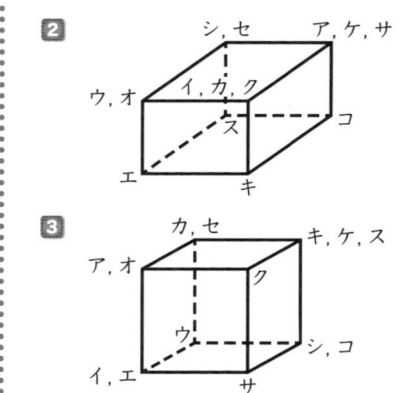

3
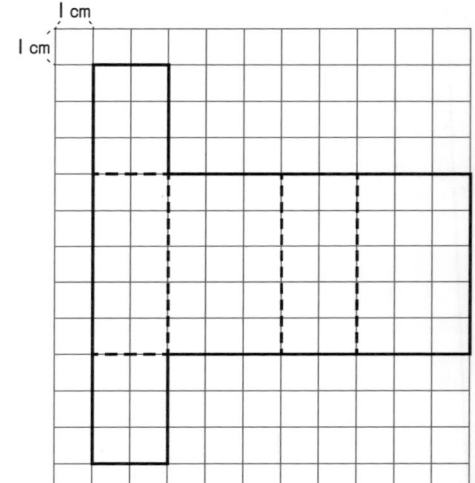

92 直方体と立方体⑬
てん開図のかき方
P150・151

1 (れい)
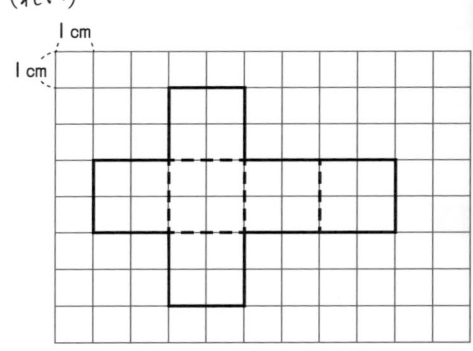

2 (れい)

1 cm
1 cm

1 cm
1 cm

ポイント

2　立方体のてん開図は11しゅるいあります。
(れい)のほかにも次のてん開図があります。

これらの11しゅるいの中から3しゅるいかければせいかいです。

1

2　①

②

③

ポイント

向かいあう辺が平行で，同じ長さになるようにかきます。

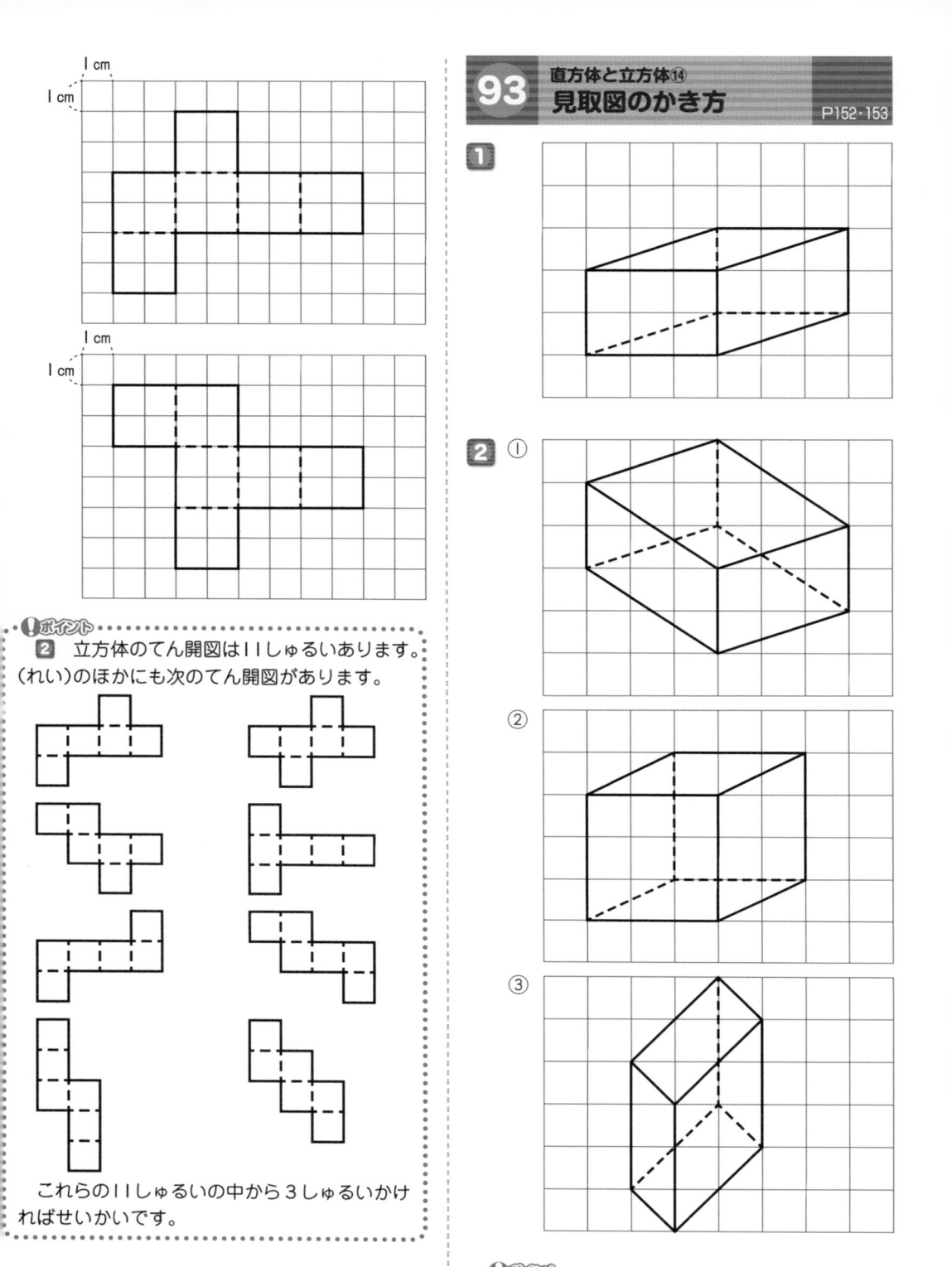

1 ① 直方体　　② 立方体
　③ 平面　　④ 高さ
　⑤ １辺（１つの辺）　⑥ てん開図
　⑦ 見取図

2 ① 12
　② 8
　③ 6

3 ① 辺アエ，辺アイ，辺オク，辺オカ
　② 辺イカ，辺ウキ，辺エク
　③ 辺カオ，辺カイ，辺キク，辺キウ
　④ 辺イウ，辺アエ，辺オク

4 ① 面⑤，面え，面お，面か
　② 面あ
　③ 面え，面か
　④ 面い，面⑤

!ポイント
　3 直方体や立方体では，それぞれ次のよう
になっています。
　① １つの辺に垂直な辺は４つあります。
　② １つの辺に平行な辺は３つあります。
　4 直方体や立方体では，それぞれ次のよう
になっています。
　① １つの面に垂直な面は４つあります。
　② １つの面に平行な面は１つで，向かいあ
　　う面になります。
　③ １つの辺に垂直な面は２つあります。
　④ １つの辺に平行な面は２つあります。

95 **4年のまとめ①**
P156・157

1 ① $\dfrac{1}{1000}$
　② 0.01
　③ 0.964
　④ 3964

2 ① $14 \times 15 = 210$　　　答え　210cm²
　② $25 \times 25 = 625$　　　答え　625m²
　③ $3 \times 8 = 24$　　　　答え　24ha

（べつなもとめ方）
　$300 \times 800 = 240000$
　$240000 ㎡ = 24\,ha$

3 ① 55°　　　② 290°
4 ① 平行
　② 等しく（同じに）
　③ 対角線
　④ 垂直

5 ① 4つ
　② １つ

!ポイント
　5 ① あの面ととなりあう４つの面が垂直
です。
　② あの面と向かいあう１つの面が平行です。

96 **4年のまとめ②**
P158・159

1 ① 71　　　　② 0.42
　③ 280　　　④ 369
　⑤ 5.04　　　⑥ 2.53
　⑦ 2.6　　　⑧ 400
　⑨ 50　　　⑩ 0.6
　⑪ 0.007　　⑫ 3900
　⑬ 2040　　⑭ 4.3
　⑮ 3.26　　⑯ 800
　⑰ 7　　　　⑱ 0.04
　⑲ 0.567　　⑳ 3010

2 ① 300　　　② 50
　③ 9　　　　④ 0.2
　⑤ 0.07　　⑥ 0.004
　⑦ 2，900
　⑧ 3.6

3 ① 600　　　② 50
　③ 2　　　　④ 528
　⑤ 0.7　　　⑥ 0.08
　⑦ 0.009　　⑧ 0.715
　⑨ 8，300
　⑩ 5.6

2407